WERKSTATT HOLZ: TECHNIKEN UND PROJEKTE FÜR KINDER

亲子木工

［德］安特耶·里特曼Antje Rittermann　苏珊·里特曼Susann Rittermann ／著

李一汀 ／译

华夏出版社
HUAXIA PUBLISHING HOUSE

图书在版编目（CIP）数据

亲子木工 / （德）安特耶·里特曼，（德）苏珊·里特曼著；李一汀译. -- 北京 ： 华夏出版社，2019.5
ISBN 978-7-5080-9599-8

Ⅰ．①亲… Ⅱ．①安… ②苏… ③李… Ⅲ．①木工—儿童读物 Ⅳ．①TU759.1-49

中国版本图书馆 CIP 数据核字(2018)第 251683 号

北京市版权局著作权合同登记号：图字 01-2016-5370 号

亲子木工

作　　者	〔德〕安特耶·里特曼	〔德〕苏珊·里特曼
译　　者	李一汀	
责任编辑	王凤梅	
责任印制	刘　洋	

出版发行	华夏出版社
经　　销	新华书店
印　　刷	北京市华宇信诺印刷有限公司
装　　订	三河市少明印务有限公司
版　　次	2019 年 5 月北京第 1 版
	2019 年 5 月北京第 1 次印刷
开　　本	787×1092　1/12开
印　　张	17.667
字　　数	50 千字
定　　价	169.00 元

华夏出版社　　地址：北京市东直门外香河园北里 4 号　　邮编：100028
　　　　　　　　网址：www.hxph.com.cn　　电话：（010）64663331（转）
若发现本版图书有印装质量问题，请与我社营销中心联系调换。

家是孩子"梦开始的地方"。少有书籍像《亲子木工》一样，将孩子的梦想如此具象化地呈现出来。

每个孩子都梦想着通过亲手雕刻来赋予木头以魔力——用它制作矮人、弹子迷宫、动物，甚至是小屋或独木舟。在本书中，作者安特耶·里特曼和苏珊·里特曼针对孩子们的梦想，给出了具体、可操作的建议，使孩子的体验过程变得轻松和美好。书中的指引说明和木作案例既科学精确、十分详尽，又易于理解，同时兼顾到了可读性。书中大量精美的图片更能激发孩子强烈的兴趣，孩子恨不得拿起雕刀和工具立即开始工作。然而，本书更具价值之处在于能够"让家也成为梦想实现的地方"——书中无数生动的插图和图纸，确保每一个木作项目都具有了极强的可操作性。

而对每位"培育梦想"的体验教育工作者来说，本书宛如一个宝库，藏着像赛道和赛车这样激动人心的大工程。手工教师等专业人士也会喜欢这本书，因为除了那些木作案例之外，本书的专业知识部分也详实有趣，涵盖了从安全、工具知识到材料和技术等各个方面，事无巨细。

最后，我衷心推荐这本书给已为人父母的你们。如果你们希望在孩子与大自然之间搭起一座桥，与木材、手工艺建立一段友善的关系，你们一定能在这本书中找到灵感。

德国 EOS 体验教育协会会长

米歇尔·毕尔塔勒博士

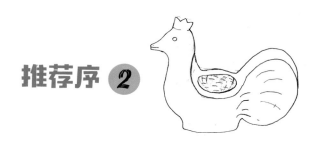

自 2001 年上大学，我阴差阳错地与德语和德国结缘，18 年已然过去了。自此，我将又一段青春年华奉献给了教育工作。更准确地说，是回馈给了我一直追随的那束光，那个充满灵性温暖的社会。而我在成年以后的持续成长，也正是得益于这样的社会。当然，每个社会都不是绝对的理想和完美。德国体验教育家们的这句口头禅"带走你需要的，放下不适合你的"，多年来一直激励我保持开放、不断反思，用批判的思维来观察、学习、生活和工作。

18 年来，为了追寻教育理想，我带着需求，带着疑问，走遍了中国的一二线城市，当然，也探索研究了以德国为代表的三个主要德语国家几乎所有的优势教育资源。今天，我想说，我仍然在路上……

5 年前，我把这本书的德语版推荐给宋军先生，当时非常希望在中国出版类似的书籍。一个原因，是因为我过去接触到的大学生也好，年轻的父母也好，他们和我们这一代人一样，童年成长都挺无趣的，但其实内在都是孩子，只是没有一个个性化的通道，去抒发各自的童真，也就让很多的情绪无法释放，进而积累，每个人的面部看起来都超过其年龄的严肃，而内在又很难丰盈起来。这个时代，节奏又越来越快，压力越来越大，虽然技术越来越发达，但我们好像却越来越忙。简单的快乐越来越难求，只是想要静下来，无聊一下，都越来越难实现。再看看我身边的很多德国同事、朋友，他们都很有自己的节奏，大都有超过 10 年以上的爱好，并一直在持续，还不断影响身边的人。我很希望，借由这本书，让父母和对教育或是对"专注感""匠人感""释放感"感兴趣的人，都可以先轻松地开始。我自己对于这样的事情，反正是上瘾了，拿起刀就舍不得放下，最爱那过程中"空灵"的感觉。而只有当父母有机会通过实践由内在孩子成熟为成人了，孩子才能获得更好的机会，教育才能真正发生。

另一个重要的原因，是因为我居住的德国黑森林地区的传统手工艺就是木雕木刻。德国、瑞士、奥地利三国，较中国来说，可谓小国寡民，物产资源也不够丰富。但可能正因为如此，让他们把自己的传统民俗，可谓是发展到了极致。他们不仅仅把木雕、木刻作为工艺品、纪念品出售，更完全与学生的素养教育浑然一体。大部分受过良好教育的德国孩子，对于用刀做木工或是用工具做器物，都是不陌生的，更不会害怕和畏惧，更有甚者将其发展成了爱好或职业。而德国，对于这样的民俗文化的泛教育转化，可谓不遗余力。在德国，仅就木工类的儿童工具书，我所见过的，就不下 200 种。但对于在中国做教育的伙伴们，我们能"还原"真实的"资料""工具书"实在太匮乏了，只是折纸、纸牌屋、拼插、机器人之类的流水线或类工业化玩具，早已无法满足我们自己，更何谈孩子。

在此，真诚地感谢华夏出版社的编辑们，在第一次见面后，就下定决心要购买版权，出版此书。而当时，国内的教育和社会发展，并不如今日开放和多元。我们只是希望更多的教育伙伴和孩子们，可以"在简单的事情中，找到我的快乐"（I find my joy）。更希望，有更多的人，可以从中找到灵感，将我们中华文化的精髓，通过有创意的方式，以图文的形式，传递到世界各地。也希望在那一天，我将有幸为中文书做德文翻译或作序推荐。

董　灵

2018 年 10 月 24 日

于 iYouth 德国黑森林贝瑙营地

推荐序 3

诗意的触摸

人与自然的亲密接触，似乎始终没有离开草木。现代生活让孩子们与自然重度隔离了，钢铁和水泥代替了草木山水，我们的学生长期被书山题海包围着，"人与自然"的生命必修课需要课程载体和纽带，让孩子们通过媒介去触摸自然、理解生命，懂得艺术和审美，享受创造的乐趣，提升综合素养。

德国著名教育家、幼儿教育创始人福禄贝尔的教育体系强调："儿童应在自然和生活中获得感性的认识，增强他们的体质，训练他们的感官，促进他们正在觉醒的心灵的发展。"木工课程通过木头这一媒介，建立起人与自然的关系；通过动手和劳作，训练手和脑的统一；通过制作和创造实现 STEAM 跨学科综合学习，从而培养学生动手实践的能力、创造性思维、系统性思维、专注的能力、思考的能力、自信和与人合作的能力。

本书从德国木工课程的视角，引导学生"做中学、乐中学"。《亲子木工》从制作到创作，从工具性到人文性都值得我们借鉴。中国的木工课程尚未得到很好的重视，虽有发展但不成体系，真诚希望多引进国外此类精品教材以丰富我国木工教育的课程资源。中国的木工教育要有哲学、史学和文学的立意，要融入人与自然的教育范畴，要赋予"匠心"精神，实现跨学科综合学习的教育目的。

这是一次诗意的触摸，除了实实在在的木工教育课程蓝本，更倾注了教育工作者的才华和深情！我们坚信，每一个点滴的努力都是值得的。通过每一门课程的"砖石"聚沙成塔，建造我们现代教育大厦，为推动"创造中国、创意中国"尽心尽力。

上海交大教育集团总裁、全国集团校总校长

上海市名校长　董俊平博士

推荐序 ④

（本文根据吴凯老师口述整理而成）

作为一名木作老师，在长期跟孩子木作的过程中，我有很多的体悟和思考，在这里想分享给大家：

1. 引导：给孩子思考的空间

在木作前，我会先拿着材料，问孩子们："木头里面藏着一个东西，你们猜猜是什么？"这时候孩子们就会去思考。比如说一根树枝，它的树杈和主干之间，里面可能就藏着一只小鸟，树杈支出来的部分，就是鸟的尾巴，头就藏在树枝里面，你只需要经过简单的加工，一只鸟的形态就出来了。也可能藏着两个鹿角，稍微削一下，鹿角就呈现出来了，接着只要把鹿头的部分稍微进行切割和处理，再用笔点一对儿眼睛，这就成为一只鹿了；再比如圆柱形的木料，你去掉木头多余的部分，对木料的两端进行加工，就很快呈现出鱼的形态来……在《亲子木工》这本书里，作者非常善于引导，在每个木作案例前，作者都详细地展示出如何将自己的设计构思做成实实在在的成品，并提供了大量的构思素材，引发孩子的创作灵感。

2. "柳暗花明"的再创造体验

在一次木作课上，我讲了方法后，孩子就回到各自的工作台，有的锯、有的锉，教室里既有各种工具发出的声音，还有木头本身的清香味，突然，一个学生大叫一声："老师，坏了，坏了，碗裂了，还有救吗？"我急忙过去一看，是碗边缺了一个小口子。我请他回顾一下刚才发生了什么、操作步骤是怎样的，在回顾的过程中，孩子发现了问题所在，其实就是他在用台钳的时候用力过度，导致木碗的碗边有一点点崩裂。我接着问他："现在我们怎么解决呢？"这个孩子想了想说："用胶水补起来！"停顿了一下又说，"要不重新做一个吧！"我提示道："让我们来看看，还有没有其他的解决办法。"我把他的作品图稿画在黑板上，然后顺着这个小缺口，画了个波浪形的碗边。他开心地惊呼道："这个办法不仅救了我的碗！还让它更漂亮啦！"这件事让他体验到了木作中的艺术性和创造性。

3. 木作是知行合一的绝佳实践，还能让孩子养成珍惜物品的好习惯

当今孩子们经常接触手机、电视等电子产品，包括看书，只需用脑和眼，没有跟现实中的物体发生关系，这让孩子仅仅停留在想和思考的层面，却没有"行"的机会。

而在木作时，因为要有清晰的构思和步骤，才能把一个东西做成想要的样子，就需要孩子用头脑去思考，从而达到知行合一。如果还想让作品焕发出美和精致的效果，就必须投入大量的时间、精力和情感，对孩子来说，这跟钱没关系，他对这个东西付出了真正的劳动，他知道这东西是多么的来之不易，这就会让孩子与物品建立情感的连结，从而让孩子养成惜物的好习惯。

4. 安全性问题

安全地使用工具首先要熟悉工具。如果孩子在对工具没有充分的认知之前，就开始使用，那么他就很容易受伤，而且还会产生挫败感。

在使用工具的时候，比如说用锯，要双脚分开弓步站立，保持三角形稳定结构，收据的时候要轻轻上拉，不然锯的钢齿会和木头较劲，拉不出来或者伤到自己。

这些不能光凭嘴上讲，需要家长了解以后，演示给孩子。家长或老师演示完还需要退到旁边观察孩子是怎么操作的，及时给予提醒和引导。

在安全方面，《亲子木工》给到了清晰的工具使用规范指引、详细的操作注意事项和"安全须知"，有效地规避了风险。

北京·下苑·少年木工坊

华德福艺术木作老师　吴凯

目 录

1 引言

1 第一部分 木刻
2 ● 材料
4 ● 工具
7 ● 技术
11 ● 设计
12 ● 木作案例：小矮人 / 白雪公主（和七个小矮人）/ 蛇 / 鳄鱼 / 狮子 / 小兔子 / 猫头鹰 / 小松鼠 / 独木舟 / 小木头人
40 ● 构思素材
42 ● 来自实践的小贴士

45 第二部分 木工
46 ● 材料
49 ● 设计

51 锯割
52 ● 工具
55 ● 技术
57 ● 设计
58 ● 木作案例：圣诞树 / 鲨鱼 / 老鼠窝 / 小矮人的客厅 / 树皮屋 / 短吻鳄

69 钻孔
70 ● 工具
74 ● 技术
75 ● 设计
76 ● 木作案例：名牌或门牌号 / 四子棋

79 擦磨、锉磨、打磨
80 ● 工具
84 ● 技术
85 ● 设计
86 ● 木作案例：赛车 / 大力士

89 黏合
90 ● 工具
92 ● 技术
95 ● 设计
96 ● 木作案例：灯饰小屋 / 卧室 / 滚珠游戏盘

101 打钉固定
102 ● 工具
104 ● 技术
105 ● 设计
106 ● 木作案例：钉子图画 / 弹珠迷宫

109 旋入螺钉拧紧固定
110 ● 工具
112 ● 技术
113 ● 设计
114 ● 木作案例：小钥匙板 / 小爬行虫 / 橡皮筋五彩曼陀罗盘 / 半圆板搁架
120 ● 测试，测试，测试！

125 全能选手
126 ● 木作案例：工具挂板、造船
130 ● 构思素材
132 ● 木作案例：摩托车 / 吉普车 / 轧路车 / 挖土机 / 运输车
148 ● 构思素材
150 ● 木作案例：藏宝箱 / 弹珠跷跷板 / 旋转舞台
162 ● 来自实践的小贴士

165 第三部分 木雕
166 ● 材料
168 ● 工具
170 ● 技术
171 ● 设计
172 ● 木作案例：磨石盒 / 货船 / 木锤 / 刺猬笔插 / 雪人 / 企鹅
184 ● 构思素材
186 ● 来自实践的小贴士

189 附 录
190 ● 安全须知
191 ● 基本工具装备
192 ● 工作场所
192 ● 小组作业的工具装备
194 ● 词汇表
200 ● 致谢词

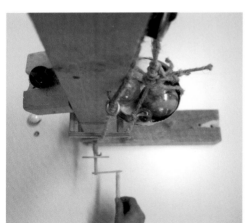

我们喜欢做木工。那么你呢？

无论你已经做过很多木工还是在这方面毫无经验，这都没关系，我们想用这本书鼓励你接触并认识木头这种材料——循序渐进，从木刻到木工再到木雕。

擦磨、锯割或是钻孔，你能从中熟悉各种不同的木加工技术。为了方便你快速地学以致用，我们就每种技术设置了多个实践项目。

你喜欢小木偶还是大力士？是货运驳船还是吉普车模型？或者你更喜欢一块真正的弹珠跷跷板？本书搜集了诸多专为孩子们设计的木作案例。你也一定能行！我们将向你展示，如何亲手将自己的构思和设计做成实实在在的成品。

你不太喜欢阅读冗长的文字说明？没关系，只需按照我们详尽的木作案例图样一步步操做即可。你根本不需要拥有一个设施完善的木工坊。很多木工活都可以在长凳上、树林里或者露营场地上完成。我们已经搜集了一些浮木，随手捡了一些掉落下来的树枝，还从建筑工地那里免费搞到了一些剩余下来的木材。只要有木刻刀、锯子、钻头、胶水、螺旋夹钳、锤子以及钉子，你就已经备齐了一套最重要的基础工具。

那么，你还在等什么呢？

愿你享受做木工的乐趣！

安特耶·里特曼和苏珊·里特曼

这个标志是一个重要的安全警示符。此外，本书第190页还就重要的安全信息进行了概述。

*　　本书第194页起是词汇表，你能从中了解更多有关带星号符词汇的信息。

这是为成年人阅读准备的文字，不过或许你的小孩也对它感兴趣。

这里有一些特别的贴士和窍门。

第一部分
木　刻

拉乌尔，11 岁

材料

① 树皮 – 韧皮

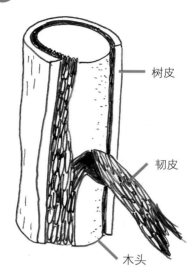

树皮

韧皮

木头

② 叶子

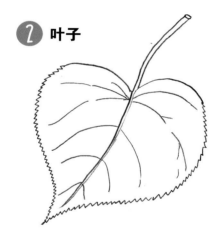

③ 果序

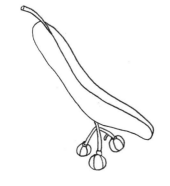

椴木是用于木刻的最佳木材。它的木质非常松软，纤维密度高而且质地均匀。只要看一下树皮，你就能轻而易举地辨识出椴木：在外部的树皮层和茎皮下方，你能看到椴木所特有的带有大孔的棕红色韧皮。这种厚实而柔软的纤维组织在很久以前就被人利用、加工，做成网兜或绳索。

① 多数情况下，你用手指就能轻易地剥下椴木的韧皮，韧皮下面的木质光滑，为乳白色，呈现丝绸般的光泽。

椴木闻起来有一股怡人的甜味。你可以凑近木头闻一闻并记住这种气味，因为橡木或者槐木恰好也有同样的味道，以此分辨准没错。

② 你可以通过椴树的心形树叶和它盛开的花朵辨识出这种树木。

③ 你可别小看了落叶之后悬挂在树木上的长长果序。你可以在户外的地上搜集一些从椴树上掉落下来的小枝杈，也可以在冬天人们伐木的时候捡一些。当然，你可绝对不能直接从树上砍下树枝。

④ 云杉木和松木的木质也同样松软，它们是我们最常使用的木材。

⑤ 松木的纤维长而坚硬，纹理清晰可见。那些富含树脂的深色区域较为坚硬，而浅色区域则较为松软。这样一来，对木材横纹部位的加工就会尤为困难。在雕刻中，松木很容易沿纤维走向发生碎裂。如果对此有顾虑，你也可以从建材市场上买一些屋顶板条作为锯材使用。正如右图所示，市面上有一些经过粗糙锯割或者刨光的木材。

⑥ 松木比云杉木更易于加工，也更适于制作小艇模型。

在本书展示的所有木工活中，我们一律采用了椴木树枝、屋顶板条以及松木树皮。当然，你也可以采集其他木材用于木刻。

工 具

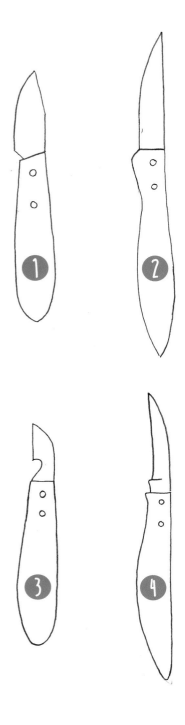

只要有一把刀具就可以开始木刻了。初始阶段，你可以选择一把刀口较短的刀具，这种刀具更容易上手。重要的是，木刻刀握在手里得很舒服，它既不能太大也不能太重。市面上的木刻刀五花八门，手柄和刀口的种类数不胜数。下面罗列了其中一些款式。

① 刀口较短较宽，刀刃呈圆弧形，这种刀最适于雕刻。你可以将其用于所有的木工活。

② 如果要处理大面积的木材表面，这种样式的刀就很实用。不过，这种刀的刀尖很薄，一旦使用不当就容易折断。

③ 这种刀适用于较小的、精细的且有一定深度的雕刻工作，不适用于大面积木材表面的加工处理。

④ 这种刀非常适用于加工平整大面积的木材表面和处理狭窄的缝隙。务必注意，人们很容易混淆这种刀的刀背和刀刃。

刀锋一定要锐利。你需要一块磨刀石或者油石。有关磨刀的更多信息，请参见第 197 页。

为使木刻工作更加简便，有时你还需要一把锯子。此外，在部分工作环节中，你可能还会用到粗齿木锉、锉刀以及砂纸。本书在木工一章中（自第 45 页起）对所有工具进行了较为详尽的描述。

木刻刀的刀口必须固定！便携式的小
折刀以及锷叉刀都不适用。

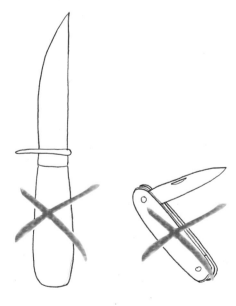

在木刻过程中，你要坐稳坐牢，确保双脚固定在地面上。

剥去树皮

剥树皮时，刀和木料始终要远离你的身体。前臂放松地置于大腿上方，双腿大大分开。这样一来，刀就不会由于疏忽而滑到腿上。你仅需处理木料的前面部分——刀要与另一只用来固定木料的手保持安全距离。之后，你可旋转木料并剥去剩余的树皮。

在剥树皮时，将刀刃平置。如果刀刃相对木料的倾角过大，那么木屑就会过厚，而刀就会被卡住。平稳均匀地用力，将刀一直削至木料的末端，就和削黄瓜一样。此时，你会削出漂亮的薄长条木屑。一旦剥去第一层树皮，之后的工作就会变得更为简单。通常情况下，只要手指稍微用力就能剥去最后一层树皮，也就是韧皮。此时展现在你眼前的是一个特别漂亮的光滑表面，你可以在上面绘制设计图样。你可以在短片中观看这个过程。你也可以把那些韧皮一块块收集起来，事实证明，用它们来刮胶水特别好用。

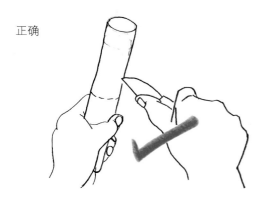

正确

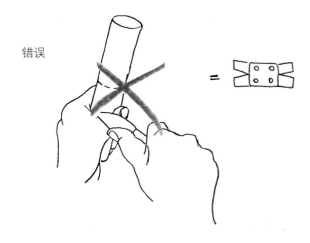

错误

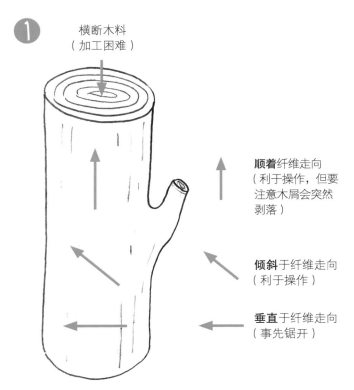

① 横断木料
（加工困难）

顺着纤维走向
（利于操作，但要
注意木屑会突然
剥落）

倾斜于纤维走向
（利于操作）

垂直于纤维走向
（事先锯开）

木刻方向：略微倾斜于纤维走向进行操作能更好地控制截面。

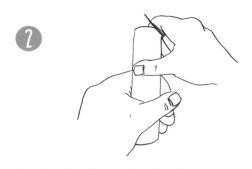

将拇指作为支撑，可以灵活操纵刀具

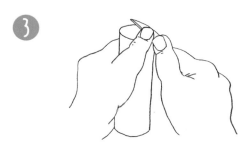

拇指按压刀背向外削

① 木刻方向

你很快就会注意到，将刀略微倾斜于纤维走向推动最有利于操作。纤维是树的营养输送管道，它们从根部一直延伸到树枝。木材纤维的伸展都有一定的走向，你在木刻时一定要注意到这一点。相较于顺着纤维走向，在木料端面（也被称为横断面）上垂直于纤维走向进行木刻要困难得多。顺着纤维面，也就是沿着纤维的走向进行木刻更为简单。不过，你很快就会发现，这样做的后果是，木屑会出其不意地剥落下来。

纤维走向的显著程度视木材种类的不同而有所差异。松木的纤维走向非常清晰，而椴木的则不那么明显。你需要事先用锯子锯开那些纤维横向的木料。这样一来，你的刀能找到更好的支撑，此外，木料也不会在纵向出现你所不希望看到的碎裂。这一点对于松木而言尤为重要。

② 将横断木料表面或顶端整圆

为了将横断木料表面整圆，比如说将木料的一端整圆，你得削出像燕麦片那样的小而薄的木屑，你可以远远地伸出拇指，把紧木料，把刀向里削。相关内容可观看短片。

③ 如果你觉得这样操作过于困难，可以向外削。握住木料的那只手的拇指可以按压住刀背向外削。相关内容也可观看短片。

黄金法则：削出的木屑越是薄薄的、多多的，木料越容易整圆。

小贴士

💡 如果想用长树枝雕刻出不到 15 厘米高的小矮人，你最好将木料握在手中，雕刻完成后再将其锯成所希望的长度（参见第 12 页）。

❗ 为避免意外发生，动作幅度不要过大，因此，你应将小臂放松地搭在大腿上，将大臂贴紧上身。

精雕细刻

要想刻出头发、臂膀、脸蛋、翅膀或者爪子，就必须得小心谨慎。将小木偶放在一个稳固的底座上，握住木料的手和进行雕刻的手之间应留有足够的间距。或者你也可以将小木偶人紧夹进一把老虎钳内，将刀尖刺入图样线并向下按压刀背，就像用罐头起子起罐头那样，然后将刀拔出来重复操作。用这种方式沿图样精雕细刻。你可以通过照片 和照片 看清这个过程。相关内容也可观看短片。

 和沿着锯痕操作一样，你可以照着密集戳刺的图案线雕刻出各种细致的局部。更多详情，敬请观看短片。

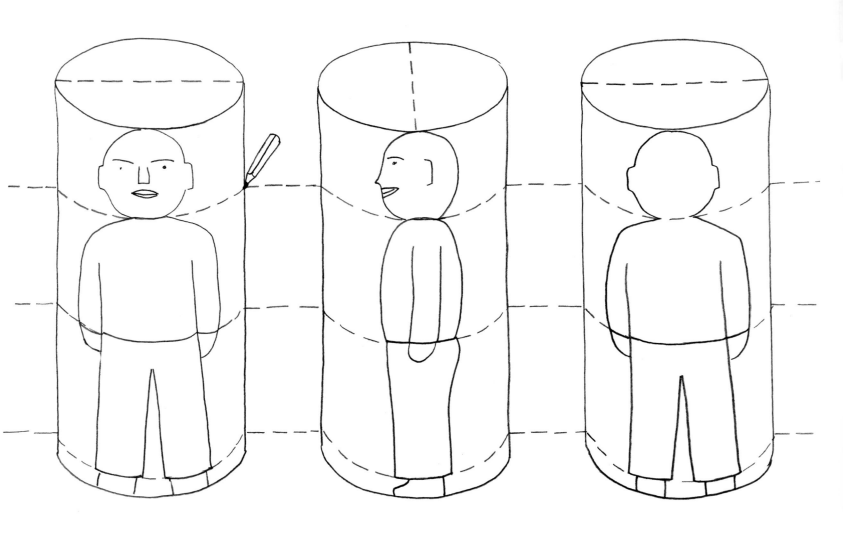

亲子木工

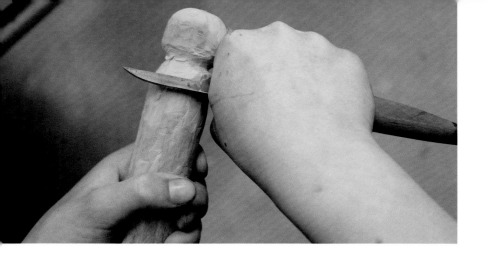

在开始木刻之前,你应该先在纸上设计出自己的木偶图样。它是一个小矮人吗?还是一个牛仔、一位公主,又或者是一只小猫?不管怎样,这都由你做主,你可以发挥自己的想象力。

我们在这里给出的一切说明和建议适用于以树枝为原材料制作木偶,因为树枝的纤维走向很容易识别。而用树枝制作的木偶自然也就应该是圆柱形的,木料的一端是它的脑袋,另一端则是它的脚掌。一开始,你没有必要绘制出那些复杂的细节。

之后,你要将纸上的图样描画到木料上,然后绕着木料画出一道道环线,以此标注出脖子、腰身、裤子或衣服下摆、双脚等。环线犹如一条带子围绕着木料,它们能帮助你感受到木料的立体感。这样一来,纸上的图样就能最终落实为栩栩如生的立体成品了。

你也可以用树枝刻出小动物来。当然,有些动物比较好刻,比如蛇、蜥蜴或者鼬鼠,而有一些动物则不然,你得依着树枝的形状,最好能将其设计成平躺的姿态,或者大大简化其形象。在这里,你也得注意,如果裁面较大且并非顺着纤维走向,或者切口很深,你就要事先用锯子将木料锯开。

小贴士

在一块大木板上绘制一个直径约为 30 厘米的圆,想象将自己置于圆中心。这个圆圈就是你所用树枝的截面,而你自己就是那个要雕刻的小人:尝试摆出各种不同的姿势。你必须注意到所有超出圆周线的东西。采用一面镜子或者邀请一位朋友作为模特将有助于你进行观察。

小矮人

材料

- 椴木树枝，至少有拇指一般粗，长约 15 厘米

  （可大概制作 3 个小矮人）

工具

- 木刻刀
- 日本锯
- 铅笔
- 彩色笔或毡笔

阿恩、保罗，5 岁；康拉德，7 岁

尼科尔，15 岁

塔娜，8 岁

你还从未尝试过木刻？那么不妨从雕刻一个小矮人开始吧！

首先搞到一根长度约 8 厘米的小木棍，从上端剥去树皮，然后将其削尖，这就是小矮人的帽子的尖角了。现在，你可以用一支铅笔画出小矮人的脸蛋和它的外套，在外套下摆处将小木棍锯断，小矮人就制作完成了！如果你喜欢，还可以在小矮人的身上涂上各种颜色。

稍做变化的款式

熟练之后还可以在小矮人下巴的高度锯出一圈锯痕，进而雕刻出脑袋、下巴、脖子、胸部以及颈背。

借助环绕木料一周的锯痕雕刻

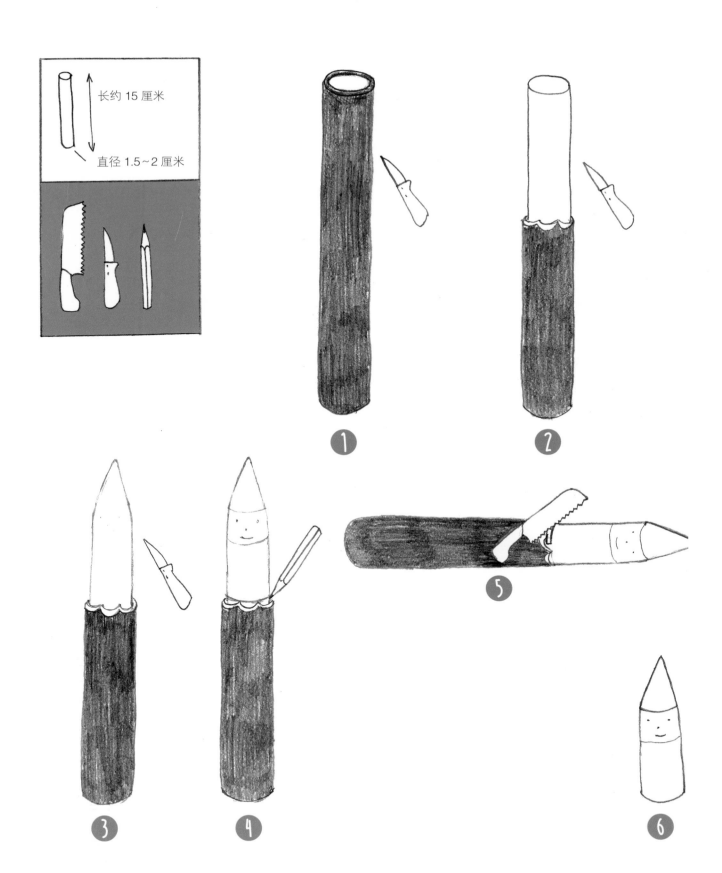

长约 15 厘米

直径 1.5~2 厘米

白雪公主
（和七个小矮人）

材料

- 椴木树枝，直径 3 ～ 5 厘米，长约 20 厘米

工具

- 木刻刀
- 有可能用到日本锯
- 铅笔
- 彩色笔或毡笔

塔娜，8 岁

鲁迪，5 岁

你已经雕刻好了七个小矮人，那自然还需要为它们搭配一位白雪公主。你仍需先剥去树皮，然后将小木棍的上端整圆，做出头部。

你可以用铅笔或彩笔画出白雪公主的脸、头发和衣服。这样就算大功告成了！

稍做变化的款式

熟练之后可以在白雪公主下巴和腰身的高度各锯出一圈锯痕，进而雕刻出下巴、脖子、胸部、颈背、背部、腰身以及臀部。

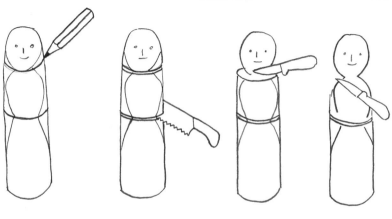

借助环绕木料一周的锯痕进行雕刻

长约 20 厘米

直径 3~5 厘米

① ② ③ ④ ⑤ ⑥

木 刻

蛇

本杰明，9 岁；赫米内，12 岁

材料

- 椴木树枝，约拇指一般粗，长 20 ～ 50 厘米

工具

- 木刻刀
- 剪刀
- 铅笔
- 彩色笔或毡笔
- 日本锯

小贴士

如果能找到一根漂亮的有些弯曲的小树枝，那么雕刻出来的蛇就会更加活灵活现，当然，你也不必一定使用椴木。

如果想要这条木蛇能够吐出信子，那你就得额外用木胶粘出一个舌头来。

在之前几页，你已经学会如何削尖一根树枝或者如何将其整圆。通过这条木蛇的制作，你还将学会如何劈开一根树枝。首先还是剥去树皮，尝试着用手指将最后一层树皮即韧皮剥去，这样一来，木料表面就会非常光滑，呈丝绸般光泽，这像极了蛇皮。

将被剥去树皮的树枝放在一个平整的台面上并仔细观察。它平躺的样子看上去像不像一条蛇呢？或许还得稍作加工修整才行？应该将木料的哪一头做出蛇头、哪一头做出尾巴尖才好呢？你可以先画出蛇的眼睛，这样就不会在之后的雕刻中忘记哪里是蛇头、哪里是蛇尾了。之后再将蛇头整圆，将蛇尾巴削尖。

削树皮时会削下一些木屑，从中找出一片外形漂亮的，用剪刀裁剪成蛇的舌头的样子。现在，你可以劈开蛇头做出嘴巴：将刀压入头部并来回轻微移动，不要太用力，而要运用杠杆原理小心翼翼地撬动。如果木料开裂了，你是能马上感觉到的。在操作时要特别小心谨慎。如果觉得没有把握，不妨请一位大人帮忙。蛇的舌头正好被这道裂开的缝隙夹紧——现在，你的蛇已经栩栩如生了。更多细节，敬请观看短片！

此时，你可以用铅笔和彩色笔在木蛇上画出一些图案了。

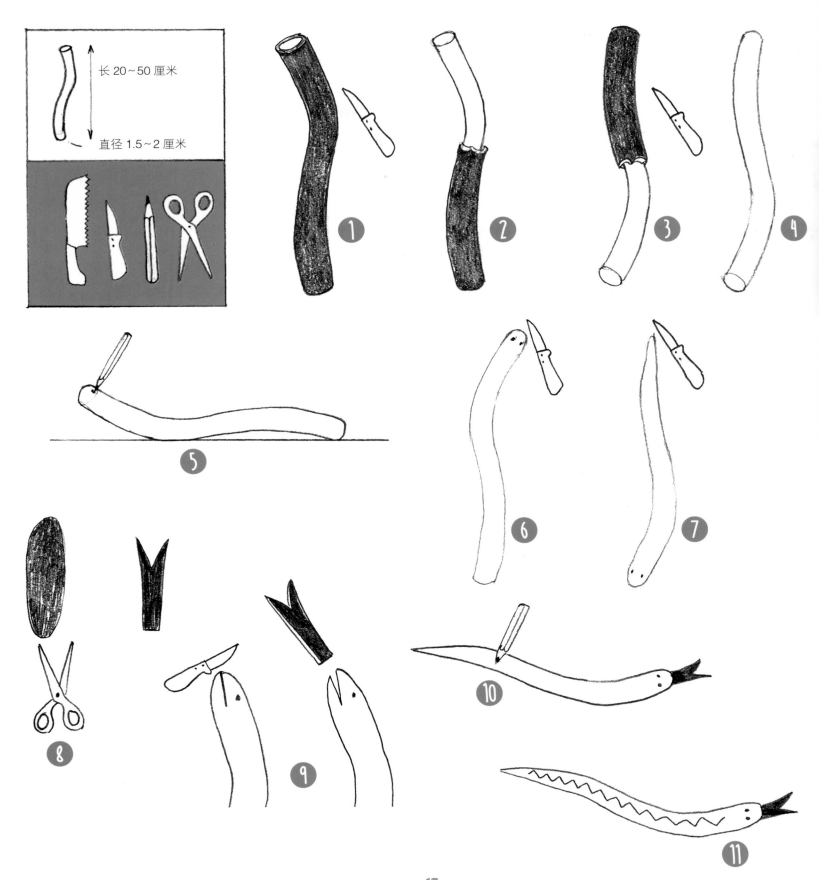

长 20~50 厘米

直径 1.5~2 厘米

鲁迪，5 岁

鳄鱼

材料

- 椴木树枝，直径 4～6 厘米，
  长约 20 厘米

工具

- 木刻刀
- 日本锯
- 铅笔
- 有可能用到彩色笔或毡笔

小贴士

如果能找到一根截面为椭圆形的小树枝来制作这条鳄鱼就再好不过了，这样一来，就有足够的空间留给腿部和齿纹。如果采用的是稍微隆起的树枝，你的鳄鱼就会非常活灵活现。最后，如果你喜欢的话，还可以把它涂成彩色。

木刻一条鳄鱼并非难事，只需注意一点，请事先用锯子将所有逆着纤维走向的截面锯开。

首先还是剥去树皮，用铅笔在上面画出鳄鱼，注意利用好木料的整个长度。木料的一端是鳄鱼的口鼻部，另一端是鳄鱼的尾巴尖。首先标注出腿的位置，这样你就能确定嘴巴、肚子和尾巴的长度。

在腿部标志处锯割约 5 毫米深，然后开始加工鳄鱼的腹部侧。对着锯痕不断地滑动刀子，鳄鱼的腿也就显现出来了。这样操作，整个过程中不会掉下一片木屑。

腿部加工成形之后，你可以锯出鳄鱼的嘴巴，再将嘴部和尾部削尖。现在，你可以在鳄鱼的背部画出一些齿纹。仍需注意一点，应该事先用锯子将垂直于纤维走向的截面锯开，这样才能找到更好的支撑点便于使刀。你可以从短片中清楚地观看到整个过程。

最后，将鳄鱼放置在一个平整的底座上检查一下，看看它能否站稳。如果不能，再加工修整一下鳄鱼的脚掌，直至它不再摇晃。

尼科尔，15 岁；索尼娅，4 岁

多米尼克，11 岁

亨丽特、卡洛琳娜、尼尔斯，10 岁

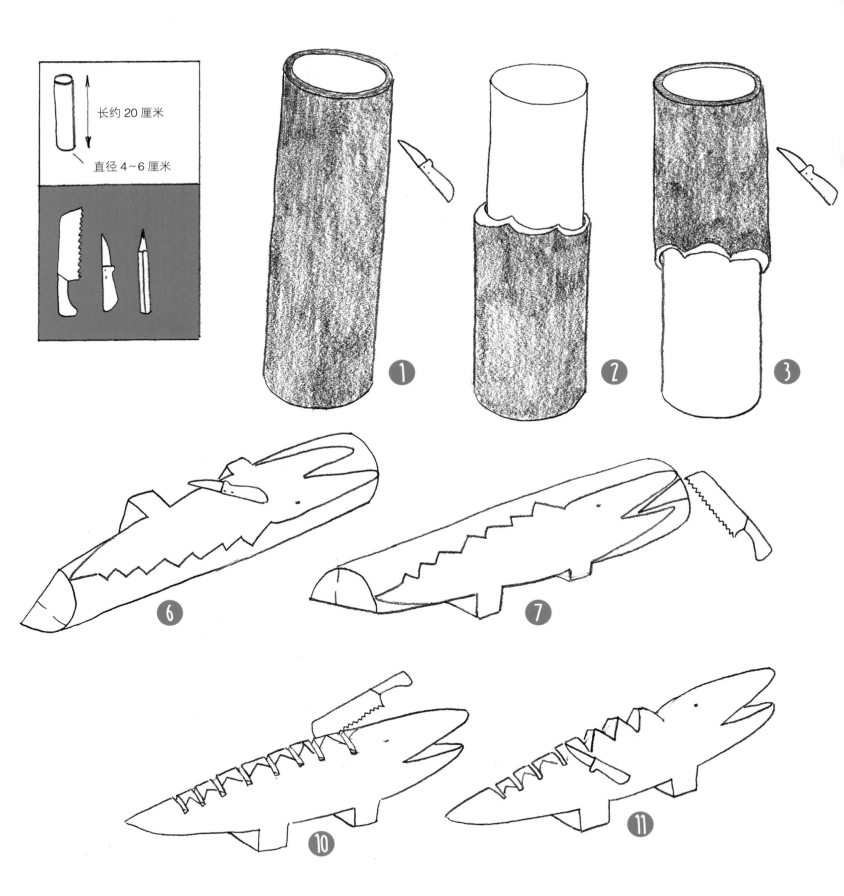

长约 20 厘米

直径 4~6 厘米

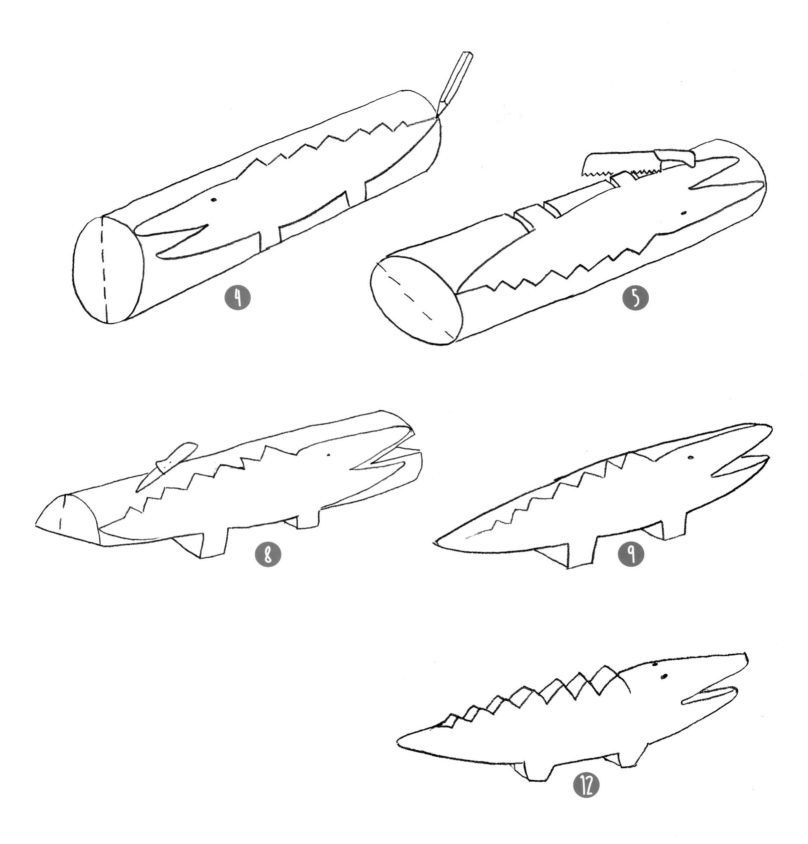

狮子

材料
• 椴木树枝，直径 6 ~ 8 厘米，
  长约 20 厘米

工具
• 木刻刀
• 日本锯
• 铅笔

布鲁诺，15 岁

你想有一头能够保护自己的狮子吗？那不妨亲手雕刻一只吧！制作时请遵循相同的法则：剥去树皮，画出狮子的形状，注意充分利用木材的整个长度，然后用锯子事先锯开所有垂直于纤维走向的截面，从鼻尖一直锯到爪子的高度，从后脑勺一直锯到背的高度。再顺着锯痕加工，嘴巴、爪子、鬃毛以及背部就会一一呈现出来。最后，沿纵向锯出爪子，然后检查一下，看狮子能否躺稳。

这张图样展示了布鲁诺以这根树枝作为原材料所做的设想。

平躺的狮子较好地利用了树枝的原始样子。头部、鼻尖、屁股以及前爪触及木块的外边缘。在对图样进行第二次修正时，狮子的前爪被延长了。这样一来，狮子的形态就显得更为舒展。

木 刻

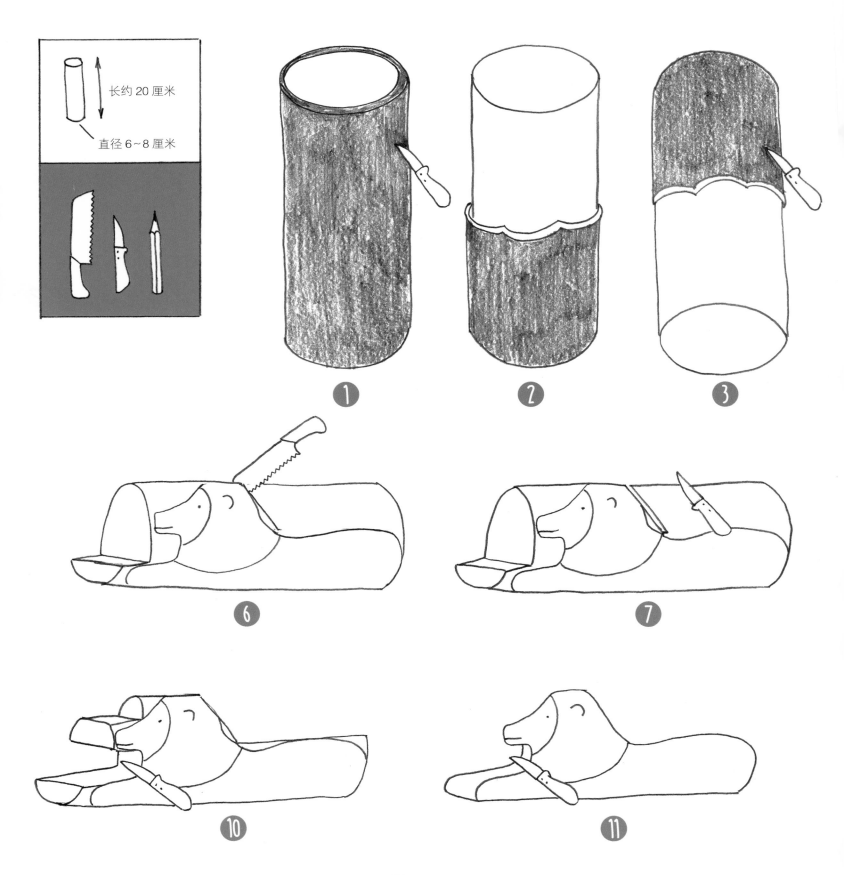

长约 20 厘米

直径 6~8 厘米

①
②
③

⑥
⑦

⑩
⑪

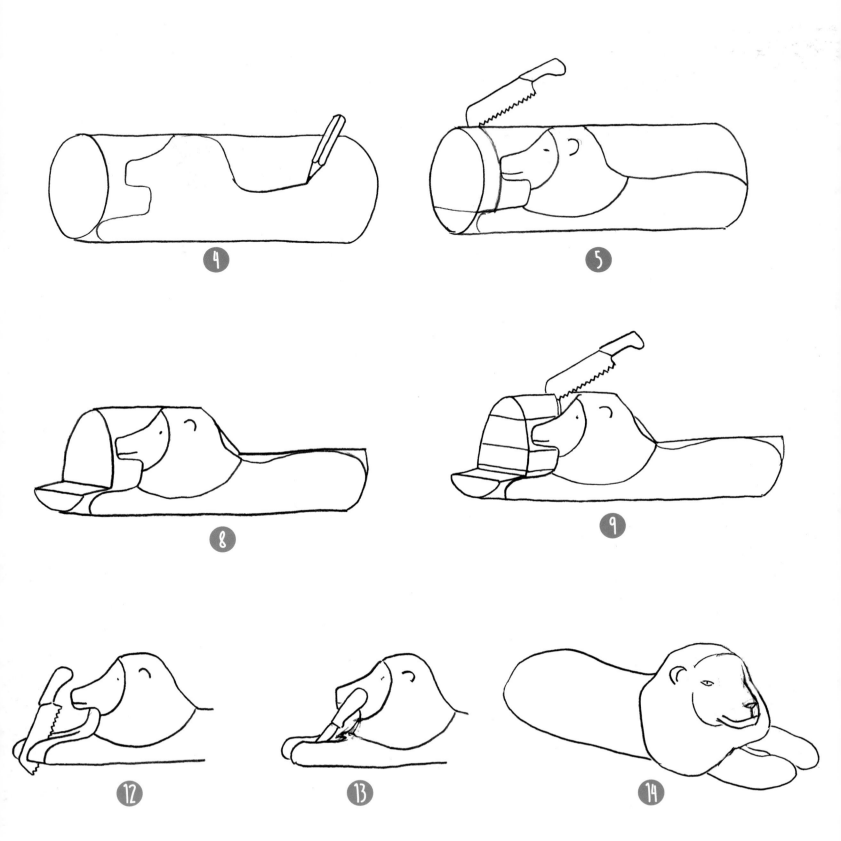

25
木 刻

小兔子

苏薇，12 岁

材料

· 椴木树枝，直径 4～6 厘米，长约 10 厘米

工具

· 木刻刀
· 日本锯
· 铅笔

雕刻一只小兔子也很简单。你知道应在哪里设置锯痕吗？没错，从鼻尖到爪子，从耳朵尖到背部。此外，你还要在下巴底下额外制作一道锯痕，以方便后续的雕刻。你还应事先将短小的兔尾巴锯出来。现在就缺兔脸蛋啦！你可以用铅笔把它画出来。

你可以从图纸中看到苏薇是如何构思的。

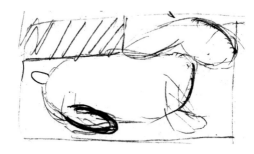

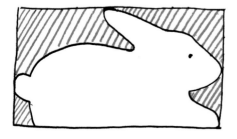

第一份设计图样充分利用了整根树枝，鼻尖和头部与木料外边缘相抵。阴影线标志出了需被锯除的部分，这样可以方便后续的雕刻。

此图上的阴影线标志出了要被除去的部分。显然，位于兔子耳朵和背部之间的孔洞很难加工，此外，颈部和前爪十分纤细，也很容易断裂。

此图的设计更为简单。爪子被精心设计了一番，成为一个基座。这样一来，有更多的空间留给了竖立的兔耳朵，此外，需要除去的部分也比原先减少了。

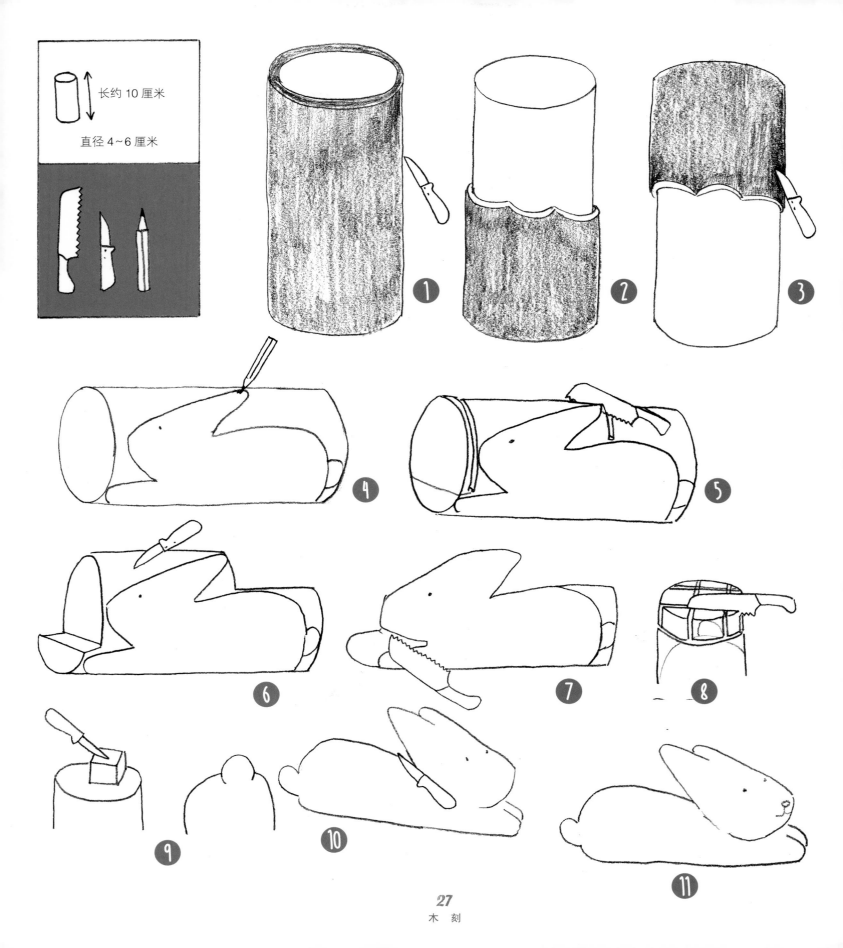

猫头鹰

材料
- 椴木树枝，直径 4～6 厘米，长约 20 厘米

工具
- 木刻刀
- 日本锯
- 铅笔

树枝很适合用来雕刻猫头鹰，只要一看到那如同一对耳朵般的羽冠，就知道这是一只猫头鹰啦！

削去树皮，画好猫头鹰，然后在树枝的正面从上向下锯出两个约 5 毫米深的截面。这样一来，在整圆猫头鹰的头部时，刀子就能找到支撑点。

为了将肩部、背部、腹部与头部区分开来，你还是应该逆着纤维走向推动刀子，并事先用锯子绕着木料锯出一圈约 3 毫米深的锯痕。

现在，你只需进一步刻画出猫头鹰的爪子和翅膀就可以啦。当然，别忘了表现猫头鹰圆溜溜的眼睛！

以下图纸展示了弥生是如何构思雕刻出猫头鹰的。

第一份设计图样的细节非常丰富。大面积的阴影线示意了需要除去的部分，从中可以看出工作量是非常大的，而纤细的翅膀根部以及竖立的爪子也很容易断裂。

弥生在这份图样上更改了自己的设计。竖起的翅膀被放下来了。充分利用了木料的整个长度，这样就减少了必须除去的部分。

小贴士

只要剥去树枝上部（约 8 厘米长）的树皮即可，剩下的树皮可以保留。这样一来，这只猫头鹰看起来就好像真的坐在一根树枝上。

弥生，10 岁

长约 20 厘米

直径 4~6 厘米

① ② ③ ④ ⑤ ⑥ ⑦ ⑧ ⑨ ⑩ ⑪ ⑫ ⑬

小松鼠

材料

• 分叉的椴木树枝，

　直径约 5 厘米，长约 20 厘米

　橡子、榛子或者类似的果子

工具

• 木刻刀

• 日本锯

• 铅笔

通过下图，你能了解苏薇是如何构思的。

在第一份设计图纸上，小松鼠的爪子远远地伸着。背部和尾巴之间狭窄的缝隙很难雕刻，尾巴易于断裂，而且松鼠的形态和木料并不相称。

改进后，爪子及尾巴与身体靠得更近，整体更加紧凑，不过尾巴的位置依然不对。

为了给小松鼠的尾巴留出更多空间，苏薇找到了一块新的木料：一根分叉的树枝。这样一来，一切就都无比贴合了。

苏薇，12 岁

你需要一根分叉的椴木树枝来制作这只小松鼠。只有这样，才有足够的空间用来雕刻小松鼠蓬松的大尾巴。

先锯出一个垂直的截面来做出耳朵，再把双耳之间的头部整圆，接着在下巴处绕着树枝锯出第二圈锯痕。这样一来，你就能逆着纤维走向刻出松鼠的下巴、腹部、颈部以及背部了。

接着刻出尾巴和爪子并画出脸部。

现在，这只小松鼠还需要一颗橡子或者榛子作为自己的食物——然后嗖的一下，它就跳到树上消失不见了……

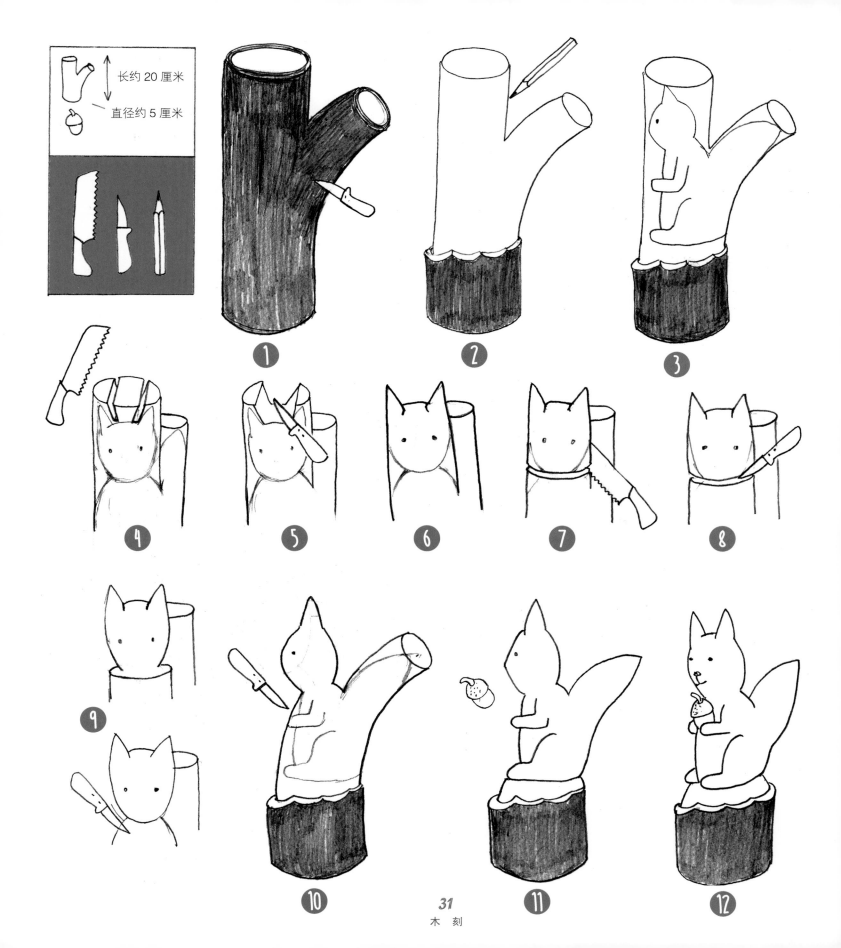

长约 20 厘米

直径约 5 厘米

① ② ③

④ ⑤ ⑥ ⑦ ⑧

⑨ ⑩ ⑪ ⑫

31

木 刻

独木舟

材料

- 椴木树枝，直径约 3 厘米，
  长约 15 厘米
- 装有水的深碗

工具

- 木刻刀
- 铅笔

布鲁诺，15 岁；露西亚，12 岁

要想雕刻一叶独木舟，你首先要有一只装有水的深碗。将剥去树皮的树枝放入水中并仔细观察它是怎样漂浮的，然后用铅笔在树枝上标注一圈吃水线，所谓吃水线就是树枝被浸湿的位置。你可以观看短片了解如何画出吃水线。

将独木舟的两端分别削尖。先用刀子从上部戳刺木料，再从对面进行切割，这样你就能将木料掏空。操作时务必小心一些，削出的木屑要小而薄。在整个过程中，你要反复将独木舟放在水里，看它能否平稳地浮起来。

小贴士

如果想给独木舟安上一把长凳，那么可以在掏空木料时留出一条狭窄的腹板。

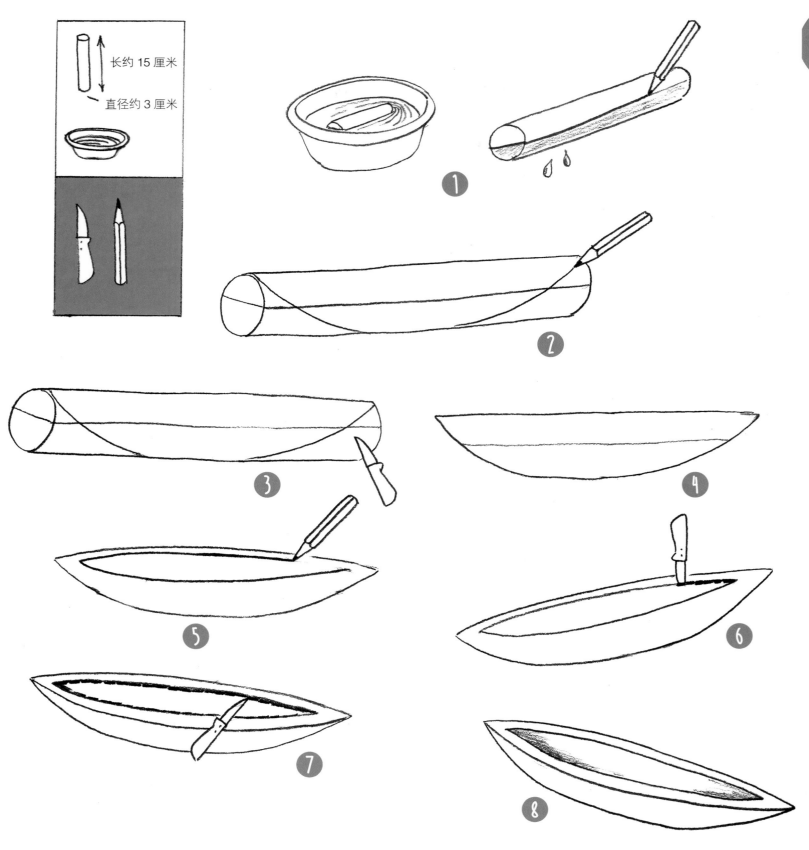

长约 15 厘米

直径约 3 厘米

33
木 刻

小木头人

材料
- 椴木树枝，直径 3 ～ 8 厘米，
  长 12 ～ 15 厘米

（或者采用一块同等长度的屋顶板条）

工具
- 木刻刀
- 日本锯
- 铅笔
- 如果手头恰好有一把老虎钳，那最好不过了

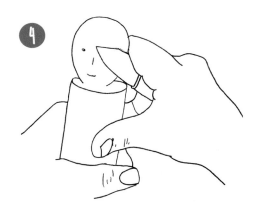

在以下几页中，你能知道是如何雕刻小木头人的，无论你想雕刻的是牛仔、雪人、国王、海盗还是公主。

1 用铅笔在剥去了树皮的木料上画出小人的样子。注意要绕着木料画出环线。

2 首先整圆头部，我们已经在第 8 页学习过，你也可以在那里找到相关的短片观看。

3 垂直于纤维走向，用锯子沿着所画的环线锯出一圈 2～4 毫米深的锯痕。

4 刀子沿着这圈锯痕进行雕刻，就不容易脱手，你也不会因此受伤。

5 现在，你可以从小人下巴的反方向进行加工，这样就有了肩膀。操作时，刀子依然沿着锯痕滑动。

6 锯除两腿之间的楔形部分。务必注意，除去的这块楔形木块不能太大，否则小人的脚掌就会因为太小而无法站立。

7 锯出约 2 毫米深的环线，用于雕刻肘部和臂膀；锯出约 5 毫米深的环线，用于雕刻双脚。这几

 要锯出这道锯痕有点难。如果无法将木料放在老虎钳中夹紧，那么你可以向大人求助。最好戴上一副手套保护双手。

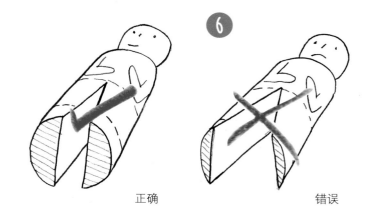

正确 　　 错误

道垂直于纤维走向的锯痕还可以作为边缘线帮助你运刀。

8 现在开始加工双脚。务必注意，双脚不能雕刻得过小，否则小人就无法站立。你可以用刀弄断双腿间的锯痕边缘，接着再刻出小人的裤子。

9 为了雕刻出双臂和双手，你可以将小人放入一把老虎钳里并夹紧，或将其置于一个稳定的底座上。你已经在第 9 页学习过该如何做了，那里还有关于这道工序的照片和一部短片。

10 要是喜欢，你也可以用铅笔或者颜料在小人身上画出图案并给它取个名字。

在以下几页，我们将用一些图样简明扼要地向你展示所有工序。

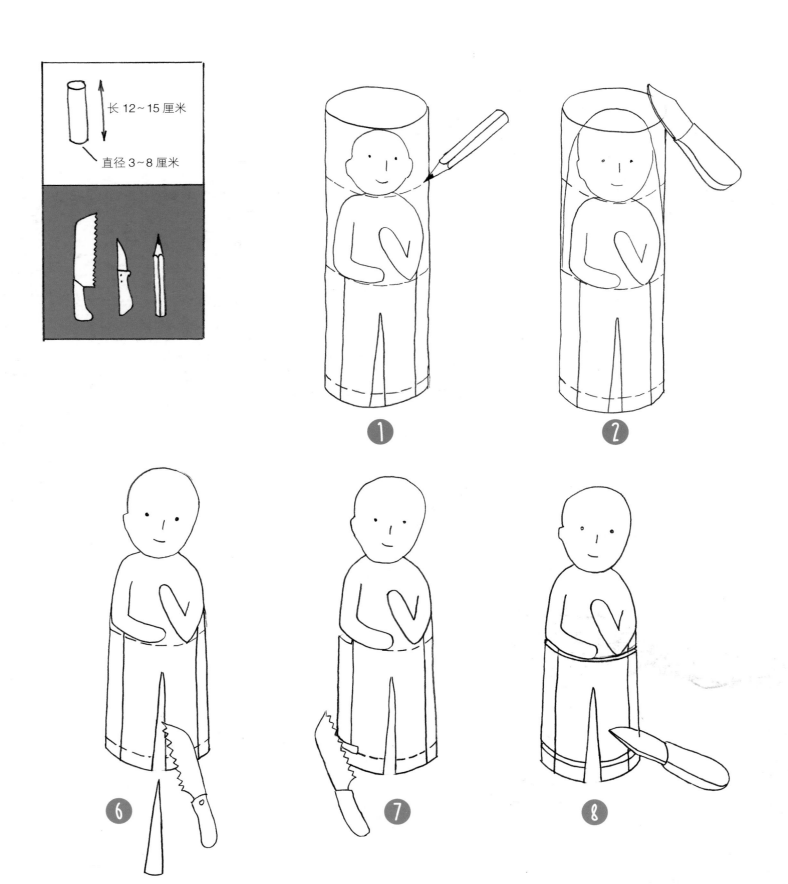

长 12~15 厘米

直径 3~8 厘米

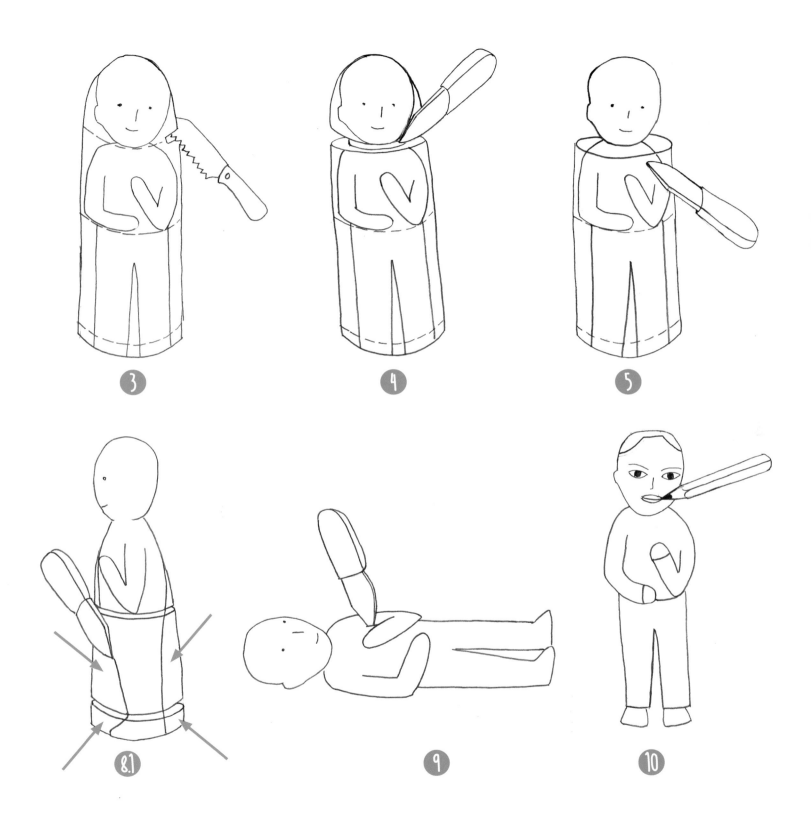

你可以从下面的图中看到塔娜雕刻的小人是如何逐步成形的：

塔娜，8 岁

① 第一份设计图样。塔娜想要雕刻一个小姑娘。双臂向两侧伸开，头发随风飘动。

② 小姑娘周边的框框体现了木料的大小。阴影线标注出要去除的部分。头发和臂膀很难雕刻，而且容易断裂。

③ 塔娜对设计图样再次进行了修改。现在，小姑娘的双臂更加靠紧身体，头发也被去掉了。整体上显得更为精致。所用的木料更小，这样一来，必须去除的部分也就没那么多了。

④ 设计图样被描到了木料上。

⑤ 完工的小人，用毡笔画出了头发和臂膀。

海克的兔子是这样诞生的：

① 设计图样　　**②** 锯痕　　**③** 成品形象

下面这些图清晰地说明了如何在木料上锯出锯痕。无论要雕刻的是小姑娘还是其他形象，都是一样的。

小姑娘的图样如下：

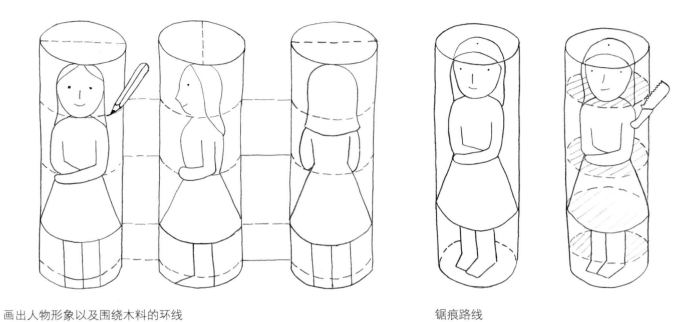

画出人物形象以及围绕木料的环线　　　　　　　　　　　锯痕路线

王后的图样如下：

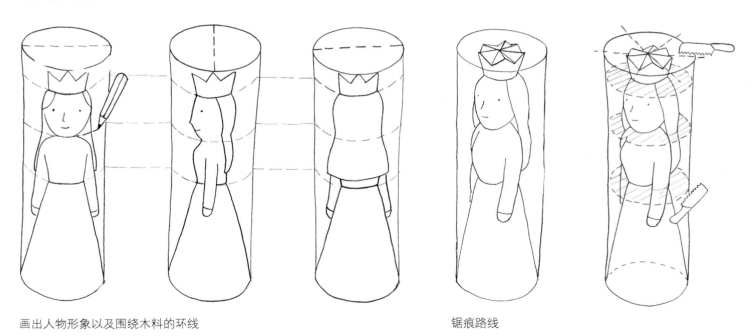

画出人物形象以及围绕木料的环线　　　　　　　　　　　锯痕路线

构思素材

41
木刻

来自实践的小贴士

许多孩子在发现平面和立体之间的不同时都会惊讶不已。他们突然明白了，那些小人原来也是有侧面、背部以及一个基座面的，这些都是在图样中看不到的，现在，他们不得不对此考虑周全，这就要求制作者在规划和操作中富有预见性。

- 学习做木刻的最佳方式是亲手实践。一段时间之后，孩子们就能掌握正确的持刀姿势，这就和削土豆皮一样，完全是个人经验。

- 做木刻时要全神贯注。锋利的木刻刀就像武器，使用时要特别小心谨慎，孩子们会慢慢了解刀子的特性。

- 八岁的孩子可以分成小组进行木刻，更小的孩子则需要有人陪伴和看护。

- 做木刻时手指要用力，因此，刀和工件不能太大，应能方便握在手里。

- 较小的孩子虽然会兴致勃勃地给小木棍剥皮，但有时他们会觉得这很困难，大人可以事先在树皮上戳出一些痕迹，孩子们就可以轻松地用手指将树皮剥去。要是喜欢，也可以用彩色笔在小木棍上画出脸蛋和衣服，这样，一个漂亮的小人就活灵活现了！

- 相较于木刻，较小的孩子可能更适合用粗齿木锉加工木料。如能在操作时戴上手套，就能避免受伤。

- 要照看六个以上的孩子做木刻会很困难。可以让孩子们用粗齿木锉加工木料。其实，在我们所描述的这些木刻中，粗齿木锉都可以代替刻刀。

- 孩子们在进行木刻时应以看护人员为中心呈半圆状围坐，这样，看护人员能始终观察到所有孩子的持刀姿势。

- 做木刻时要平心静气。为了削下一片厚厚的木屑，孩子们往往会使出九牛二虎之力，手都抖了，脸也歪了，这样的话，他们就很容易伤到自己。要随时备好创伤急救包。

- 制作一个高约 15 厘米、直径约 4 厘米的木头小人大约需要两小时。

- 为六个孩子磨刀需要约一小时。根据刀具的磨损情况，我们还需要一块比利时磨刀石或者一块阿肯色磨石。

- 木头是生态环保、完全无毒无害的材料，用剩的余料也可生物降解。这就避免了大量繁重的清理工作。

- 可以在任何地方进行木刻——户外操作就是不错的选择。

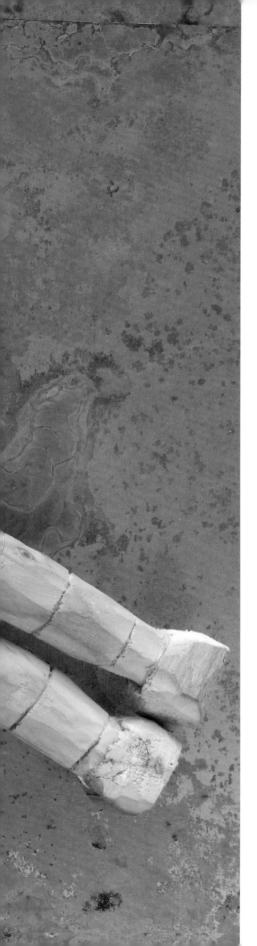

第二部分
木　工

托米斯拉夫，12岁

材料

你绝不能未经允许就独自进入建筑工地！
建筑用木料大多是一些粗锯木料，所以
收集这些木料时请戴上工作手套，以防
被碎木片戳刺到。你可以用一把刮刀
或硬毛刷和水去除木料上的混凝土残
留物。

在操作时最好戴上一副防护眼镜，这可
以避免什么东西崩到眼睛上。将收集的
木料打磨一番，就可以再循环利用了，
这时，经过处理的木料就可以作为木工
的原材料啦。

一般来说，任何一种木头都适用于做木工活。不过，
诸如山毛榉木、橡木或者槐木这样的硬木比较难以
钻孔、锯割、旋入螺钉或者打钉固定。椴木、松木
以及杉木比较易于加工，但却不那么结实，也不那
么耐风雨。你可以在建筑市场、木材贸易商或者手
工商店购买到各种尺寸的装饰木条、狭长的木板条、
大方木料、木板或者胶合板。经过初步锯割的木板
要比刨平的木板更便宜。

若能仔细寻找，你还能找到更廉价的木料。其实，
一直以来，很多木料都被人们随便扔弃。比如说，
你可以问问自己的邻居，他们或许就把自家的大件
木制家具当作垃圾扔到大街上了！抽屉底板或者靠
壁组合柜的背板通常都是由胶合板制成的。另外，
那些老旧木制板条往往是由松木或杉木制成的，它
们都是可以循环利用的极佳材料。但要注意，不要
使用涂有厚厚油漆的木料。使用老旧的桌子腿和椅
子腿时要多加小心！它们往往是由山毛榉木制作而
成的，因而也比较难以加工。

在较大的建筑工地上都会有一个专门的地方来装人
们扔的废旧木料。你不妨打听一下，从中挑拣一些
木料出来。建筑用木材通常都是松木或者杉木，特
别松软。此外，这些木料都经过较好的贮存，并不
会像新鲜木材那样容易开裂。

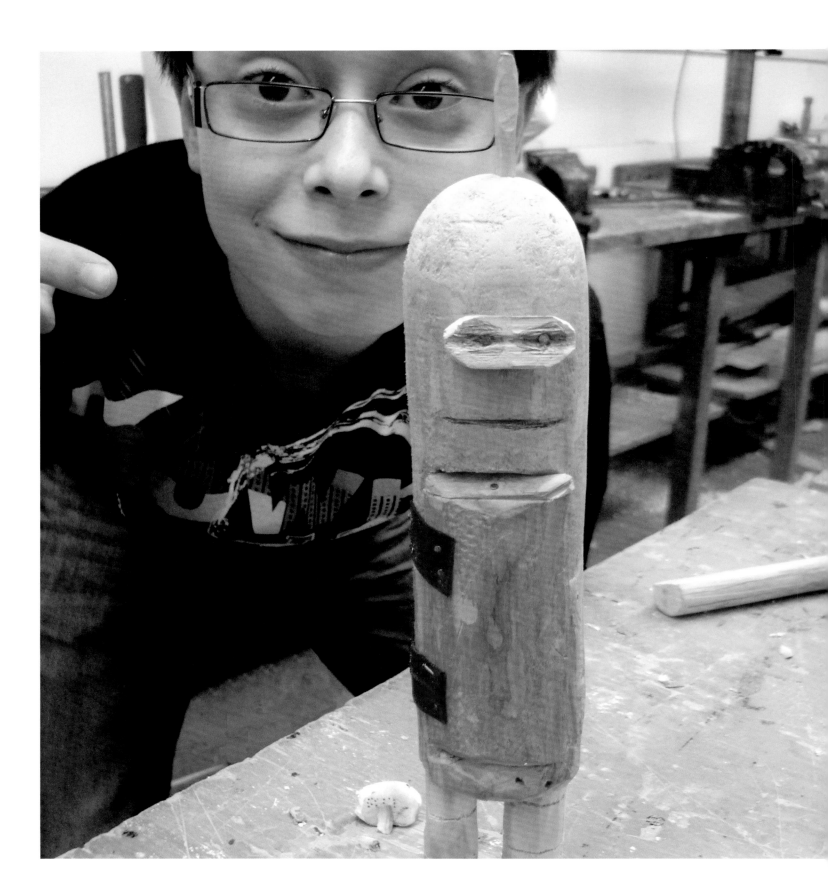

设计并实践自己的木工构思有两种情况：要么你已经有了一个明确的想法，然后根据这个想法进行操作，要么你还在构思的路上。

寻求创意时，你可以利用手头现成的材料激发自己的灵感。将这些材料在自己眼前铺开，然后静下心来仔细地观察，总会有某件东西能让你眼前一亮，或者让你回忆起些什么。用手握住这个小玩意把玩一下，用这块小木头可以做成什么呢？一只猫咪？一座小屋？一架飞机还是一辆汽车？你看，这样你就有了自己的想法！你也可以和其他孩子一起玩这个游戏——用一块小木头竟然可以做出这么多种东西来，你们一定会对此惊叹不已。

一旦头脑里有了想法，比如说自己想制作一艘小船，你就可以再想一下这艘小船有什么特性、形状以及其他特征。最好是先画出图样，你要据此挑选出合适的木料。

一般情况下，你不能一眼就从现有的材料中找到合适的完美木料。有时，你得发挥一下想象力，比如说将多块木板黏合成一块平板或一块厚木料。有时，你甚至还不得不略微调整一下自己的设计，使其与手头现成的材料相匹配。久而久之，随着你在木工方面经验的积累，就会熟悉某种材料，也就了解它是否适用于做某种木工活了。

锯 割

工 具

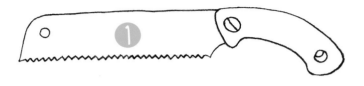

本书中描述的所有木工操作是采用了下列几种锯子。

① 日本锯或者日本大锯（长片锯）

名副其实，这种用于锯割的锯子源于日本。这种锯子是通过拉动来发挥作用的。拉动这种锯子的时候，锯条不会发生扭曲，因此锯条可以很薄，正因如此，相较于其他多数锯子，用这种锯子割锯出的锯痕更加纤细，锯割时也不需要太用力。市面上有很多种不同的日本锯，你可以从各个方面加以区分，比如说锯条的形状。

本书中描述的所有木作案例都采用了日本迷你片刃锯（Kataba）。这种锯子要比传统的日本锯小一些，因而也特别适合孩子使用。这种锯子很方便抓握，锯条能长时间地保持锋利，从而确保切口平整光洁。如果使用得当，你会发现用起来并不太费力。

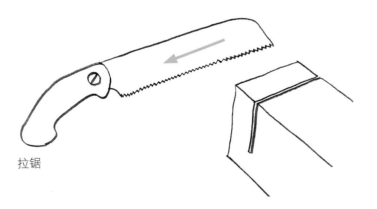

拉锯

❷ 狐尾锯

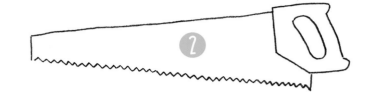

你可以用狐尾锯锯割较厚的大方木料、粗大的树枝、潮湿的木料和建筑用木材。推动狐尾锯时，也就是说在锯割时，它会向外移动。为了确保锯条不扭曲，让它相对稳定，锯条就要厚一些。正因如此，狐尾锯的锯条要比日本锯的更厚，你在锯割时就需要花费更多力气，而这样锯出的锯痕也就更宽、更粗糙，这种锯子通常非常结实。

新型的狐尾锯多数配有一个便于操作的把手，它还能当角规使用！如果正确摆放把手，就能画出 90 度角或者 45 度角。

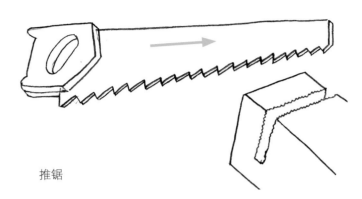

推锯

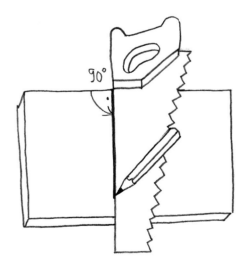

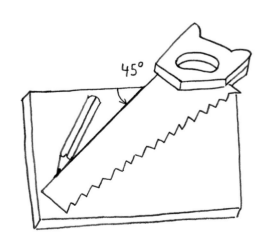

既可以当把手，也可以用作角规。

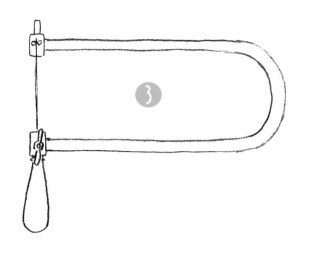

③ 细工锯

细工锯源于意大利，当地人主要利用它来制作充满艺术感的镶嵌工艺品，也就是所谓的镶嵌细工，这种锯子也因此得名。细工锯适于锯割出弯曲的锯痕以及薄胶合板中的内嵌形状。胶合板厚度不应超过 3 毫米，否则就会非常费力。

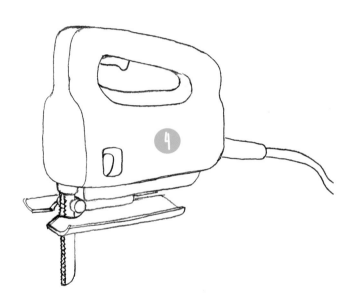

④ 电动钢丝锯

采用电动钢丝锯，你可以毫不费力地锯割厚木板以及大型平板。这种锯子最适于锯割出弯曲的锯痕、圆形曲线以及镶嵌在木料内部的形状。电动钢丝锯的替换锯条种类繁多，可以适用于不同厚度的各种材料。

 必须在成人监护下方可使用此类锯子。

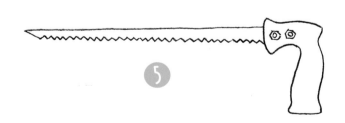

⑤ （手动）钢丝锯

你可以用这种锯子在大型平板中锯割出内嵌的形状以及紧凑的圆形曲线。

在开始锯割前，要先锯出清晰的锯痕。用一把螺旋夹钳将木料固定在工作台上，或将木料放在老虎钳中夹紧，这样一来，木料在锯割过程中就不会弹跳。请选用正确的方法夹紧木料，从而确保锯条在锯割过程中不会被卡住。

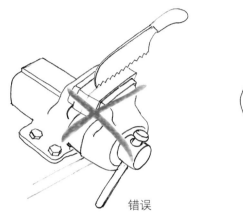
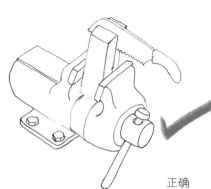

错误　　　　　　　　　　　正确

如果选用的是大方木料或粗大的树枝，你可以将其平放在地面上进行锯割。事先在下方垫入圆形木棍能使这一操作更加简便。这样一来，锯痕就会微微裂开，你的锯子也就不会卡在里面了。

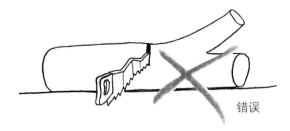
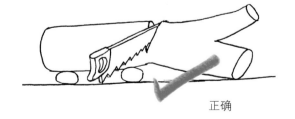

错误　　　　　　　　　　　正确

正确锯割

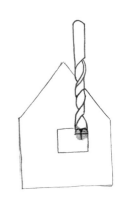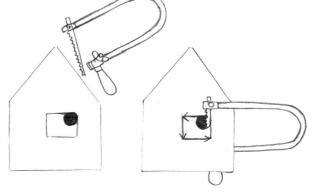

锯除一个内嵌的形状

- 锯割时，直接站在锯子的后方，双眼从上往下注视锯条。
- 均匀拉锯，注意在锯割过程中不要让锯条发生扭曲。
- 如果加工的是大型横截面，要先锯割一圈，这能方便锯子的移动。

- 如果锯子在锯割过程中嘎嘎作响，你就有必要调整一下锯子相对于工件的冲角了。
- 如需锯除一些内嵌的形状，比如一扇窗户，你就得先钻一个孔，然后插入细工锯或者钢丝锯的锯条。

如果锯斜了，该如何补救？

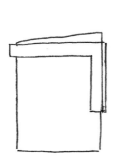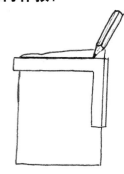

将一道锯斜的锯痕弄直

请检查一下，是否已经完全按照上述的小技巧进行锯割。手头如果还有足够的材料，不妨重新锯割一块；如果没有，你可以用一把角规，按照希望的样子重新画出一条边缘线，再用粗齿木锉、锉刀或砂纸将那道锯斜的锯痕弄直。

设 计

画图样时就应设计出锯痕是什么样的。你往往会面临各种不同的情况。一般而言，锯痕会使得木料之间不容易对得齐整，因此要注意尽可能减少锯痕。换言之，对于那些尺寸、形状必须非常精准的木工成品来说，最好能充分利用木料现成的那些笔直外边。你会发现，在制作第 66 页上的短吻鳄或者第 150 页的藏宝箱时，这点尤为重要。

圣诞树

材料

- 胶合板，3~5 毫米厚
- 大小：视圣诞树大小而定

工具

- 细工锯（适用于 3 毫米厚的板材）
- 日本锯
- 电动钢丝锯（适用于超过 5 毫米厚的板材）
- 工作台，有可能用到螺旋夹钳
- 砂纸
- 铅笔
- 直尺

想要有一棵不长针叶而且可以反复使用的圣诞树吗？你马上就可以试着自己动手，将之前读到的锯割知识学以致用。整棵树是由两片割锯的木件穿插而成的。你可以根据圣诞树的大小确定材料厚度，选用与之匹配的锯子。

画出第一片树木的样子并按照轮廓锯割出形状，然后将锯割好的组件作为样板再画出第二片树木。接着在这两片树木的中间分别锯割出一道细长的口子，其宽度应与所用木板的厚度相同。其中一片树木的开口应从底部直至中部，而另一片树木的开口应从顶部直至中部。如果开口里有锯屑，可以用砂纸将其磨掉。之后，将两片树木小心地组合在一起——现在，一棵圣诞树就展现在你的面前啦！

海克，10 岁

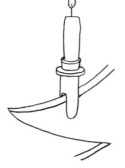

如果还想在圣诞树上放些蜡烛，你可以刻出一些小烛台夹。

小贴士

如果你能在木板上再钻出一些小孔，就可以在自己的圣诞树上挂装饰球啦。

厚3~5毫米

① ② ③ ④ ⑤ ⑥ ⑦ ⑧ ⑨ ⑩

鲨 鱼

材料

• 胶合板，约为一张 A4 纸大小，
  3 毫米厚（最好为防水的胶合板）

工具

• 细工锯
• 工作台
• 砂纸
• 铅笔
• 纸张，一张 A4 纸大小
• 剪刀

小贴士

如果用防水的胶合板做，这条木鲨鱼就
会更长寿。

这条鲨鱼会游水，而且还不止在浴缸里呢。类似于
第 58 页上的圣诞树，这条鲨鱼也由两片经过锯割
的组件彼此穿插合成。

首先你要制作一个纸模型：把鲨鱼的两个部件都画
在一张标准 A4 纸上，沿着形状剪裁并分别做出开
口：其中一片从嘴部开至中部，另一片从尾巴尖开
至中部，再将两片组件插在一起。你对鲨鱼现在的
这个样子还算满意吗？如果感觉不错，就可以照着
纸样子在胶合板上画出图样，如果觉得还不行，你
可以不断修改，直至满意为止。

之后，你可以用细工锯锯出两块木片，和纸质模型
的一样，在这两片木片上分别锯出两道细长的口子。
开口的厚度要等同于胶合板的厚度，如果有锯屑，
用砂纸磨掉，再将两片木片组装在一起。

你可以参照下列图样制作鲨鱼。

木 工

老鼠窝

材料

• 半个椰壳

工具

• 日本锯

• 细工锯

• 有可能用到一小块皮革和木胶

做完烘焙之后，你手头上是否还剩下了半个椰壳，而你的宠物小老鼠恰好还缺一个小窝呢？那就太棒了！你可以用日本锯锯割出两道平行的笔直锯痕，这是开门处，再用细工锯锯割出上方圆形的门拱，想要给门配一个铰链的话，你可以用胶水在门和门框之间粘一小块皮革。

小贴士

你可以用日本锯将椰子锯成两半，或者在椰子上钻两个小孔，这样就能享用美味的椰汁啦。最后别忘了将日本锯擦拭干净。

保拉，11 岁

阿里，11岁

小矮人的客厅

这套木工活得由锯割行家来做才行！锅盖、酒杯、盘子、平底锅、桌子、椅子以及带扶手和靠背的沙发——这一切都需要锯割之后才能完成。

木料外侧的树皮无须全部剥除，这样制成的家具显得更加质朴，也很贴合小矮人洞穴的风格。

先从餐桌入手，锯割餐桌剩下的废料可以用来做沙发的软垫、靠背以及小茶几。锯割椅子剩下的余料可以用来做沙发的扶手。你可以从一根树枝上锯下一些圆片，其中较薄的作为盘子，较厚的作为锅盖、平底锅以及酒杯。现在，你只需要摆放好餐具，请客人前来就可以啦。

材料

- 餐桌：椴木树枝，

  直径约 10 厘米，长 7 厘米

- 椅子：椴木树枝，

  直径约 3 厘米，长 21 厘米

  （三把椅子的用量）

- 锅盖、平底锅、盘子：

  椴木树枝，直径 2 厘米，长 5 厘米

- 酒杯：椴木树枝，

  直径 1 厘米，长 6 厘米

工具

- 日本锯
- 老虎钳
- 砂纸
- 铅笔

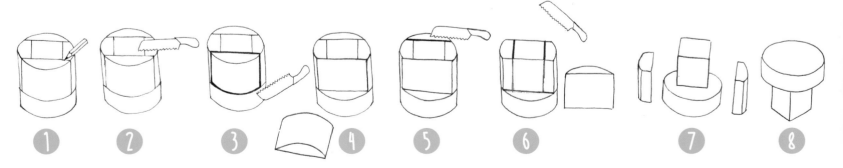

① ② ③ ④ ⑤ ⑥ ⑦ ⑧

锯出桌腿

树皮屋

材料

- 椴树皮、松树皮或者其他种类的树皮，形状各异，长 15~20 厘米

工具

- 日本锯
- 细工锯，用于锯割圆弧和窗户
- 有可能用到螺丝锥

小贴士

如果对自己做的小木屋很满意，不想再做任何更改了，就可以用小钉子将树皮固定或用胶水将其黏合。

从落下的树杈或修剪下来的树枝上你都可以收集到树皮，也可以在树林里找到。但请注意，你千万不能从树上直接剥下树皮！这样做会让这棵树木受伤的，它会枯死的。

想建小矮人的洞穴、仙女的小屋或是为天竺鼠搭建睡眠隧道，树皮都是合适的原材料。就看你采用何种锯割方法，设计的是怎样的小屋外形。狭长的木条、大块的木料，可以用来制作窗户或骑士城堡的城垛。如果所有组件都被锯成等长，你就可以像搭积木一样搭建一些别的东西。也就是说，同一块组件可以作为篱笆、墙体、瓦片、桥梁、街道或者长凳……你也可以将两块弧形的组件组合在一起做出一座塔楼或者一条隧道，你想怎么样就怎么样。

树皮很容易锯割。过于拱起的组件在锯割时容易发生断裂，因此你在操作时不能按得过紧。将树皮的一侧锯割得平整光滑，这样便于摆放。你也可以将它竖起来搭建。

下面这些图展示了两种不同的树皮小屋的制作过程。

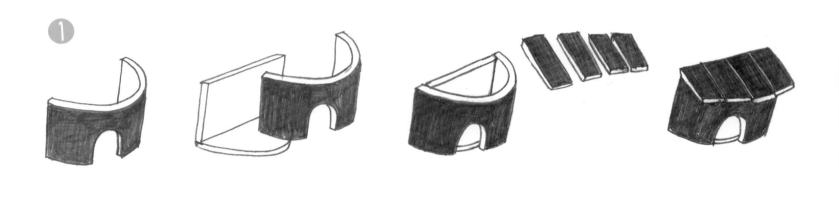

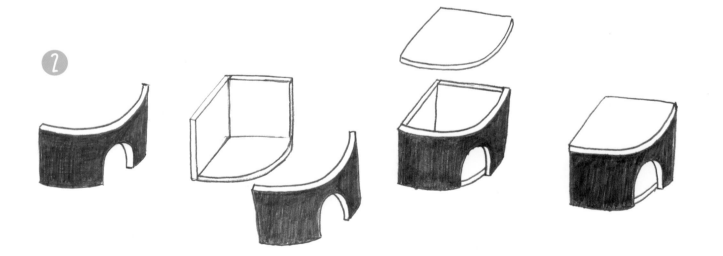

短吻鳄

材料

• 木板约 1 厘米厚，长约 50 厘米，
  宽度随意

工具

• 电动钢丝锯

（也可使用日本锯或细工锯）

• 老虎钳或螺旋夹钳

• 有可能用到木刻刀

• 砂纸

• 铅笔

你一直都想在窗台上放一条凶恶的短吻鳄吧？现在它可要爬过来啦！先把它画下来，再锯割成形就可以了。用电动钢丝锯就可以快速完成。

请注意，设计短吻鳄的图样时，要以木板外边缘作为它的脚底，这样做能确保短吻鳄站稳。锯割之后，稍微打磨一下木板边缘，然后插入鳄鱼腿。

小贴士

如果再在鳄鱼的锯齿处钻些小孔，这个木头鳄鱼就可以作为蜡烛支架或者笔架啦。

阿里，11 岁

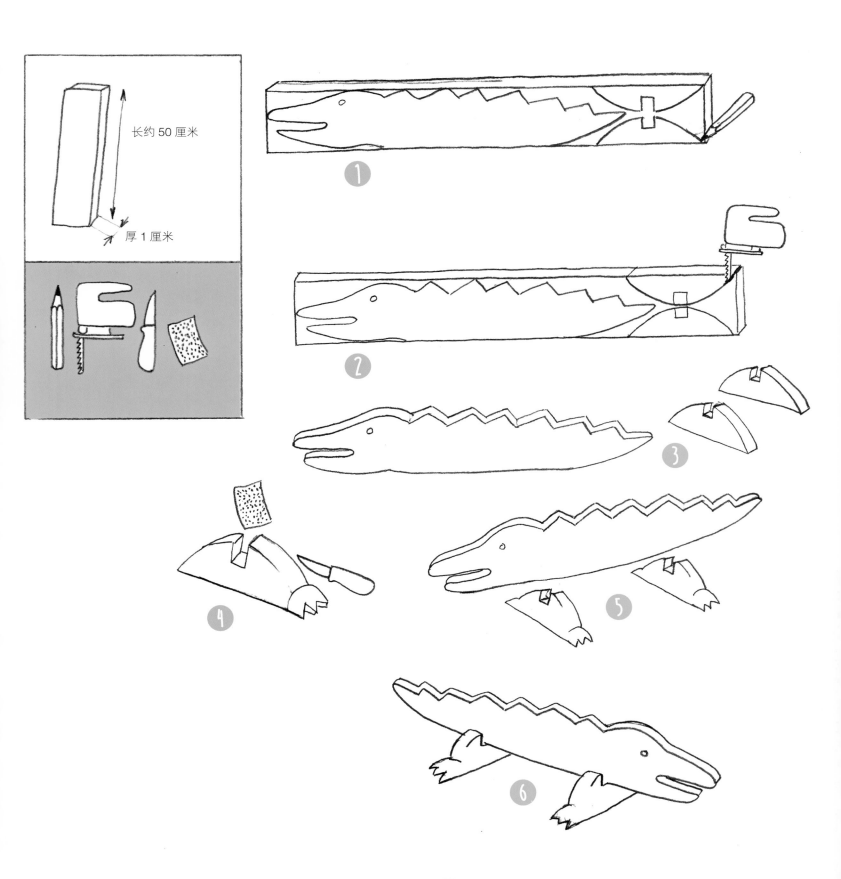

长约 50 厘米

厚 1 厘米

67
木 工

钻　孔

工 具

钻孔需要一个钻头，而钻头又需要一台钻机来驱动。市面上有很多种不同的钻机。下面罗列了几种本书所展示的木作案例要采用的钻机。

① 手提式钻机

手提式钻机是一种机械式钻机，不用电。早在中世纪，人们就已经熟知了它的运作原理。这种钻机只需用手摇动曲柄操纵即可，齿轮转动从而带动钻头移动。

你可以摇动手柄来控制钻孔的速度和方向：是快还是慢？前行还是后退？我们也将其称为转数和转向。手提式钻机的钻头应配备直径不超过 9 毫米的刀柄。

② 曲柄钻

曲柄钻同样也是手动，不用电，也是早在中世纪人们就已知晓它的运作原理。对上方的圆球施压，锯弓就会随之顺时针旋转，这样就能钻孔了。锯弓的旋转确定了转向和转数。

③ 电动钻

电动钻仅在通电的情况下才能启动，使用过程中也持续耗电。人们可以连续调节其转数，还可以改变其转向。

④ 电动螺丝刀

人们还可以把电动螺丝刀作为钻机使用。相较于电动钻，电动螺丝刀操纵起来更为简便，声音也更轻，因而更加适合孩子使用。此外，它可以使用蓄电池。采用电动螺丝刀，你可以钻出直径不大于 12 毫米的孔洞。

⑤ 立柱式钻床

立柱式钻床是一种由电驱动的钻机，它被紧紧固定在工作台上。采用立柱式钻床，你可以钻出直径超过 12 毫米或者必须精准垂直的孔洞。这对于处理汽车轴承就非常重要。

⑥ 钻夹头扳手

使用绝大多数的电动钻时，你都需要一把钻夹头扳手。借助这个工具你可以绷紧钻夹头，这样一来，钻头就不会掉落。

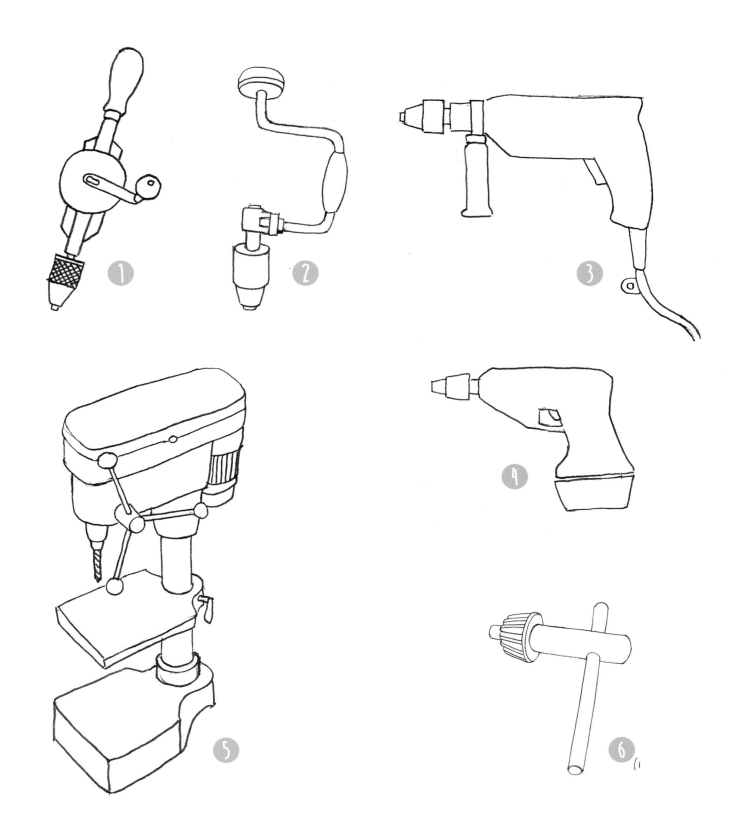

下面，我们挑选了一些重要的钻头种类介绍给大家。

① 螺丝锥

螺丝锥也被称为预加工手锥，它是一种无须使用钻机的钻头，只须用手将其旋转推入木料即可。

② 木钻头

这种木钻头有一种特别的定心顶尖，这种顶尖能够防止钻头在使用时滑落。这对于处理诸如山毛榉木、橡木以及槐木这样的硬木来说尤为重要。此外，这种钻头还配有粗切丝锥，它的刀刃经过打磨，可以钻出棱角分明且平整光洁的孔洞。本书中，我们采用了 3、5、6、8、10 以及 12 毫米的木钻头。

③ 金属钻

金属钻没有定心顶尖，也没配有粗切丝锥，尽管如此，你依然可以用它来钻木。不过，视木料种类不同，采用金属钻有可能导致木料滑动或钻孔碎裂。

④ 扁钻

扁钻适于钻出直径约 8～38 毫米的较大孔洞。它有一个导向顶尖，可以确保钻头位置稳固。这样一来，你可以倾斜于木料表面进行钻孔。扁钻是平底钻的一种廉价替代品。

⑤ 平底钻

你可以用平底钻钻出直径约为 10～50 毫米的较大孔洞。平底钻的质量较好，因而价格也较为昂贵。你可以借助这种钻钻出表面平整、棱角分明且平整光洁的孔洞。使用时最好能将平底钻放入一台立柱式钻床中夹紧。

⑥ 孔锯

用孔锯可以钻出最大号的孔洞。孔锯是在一块圆形基板上开有不同的凹槽，其中夹有各式各样的锯条，通常情况下是 25～89 毫米的直径，基板的中间有一个中心钻。你最好能将此类钻头的刀柄放入一台立柱式钻床中夹紧。请注意，相较于钻头，孔锯锯条的旋转速度要快得多，因此在打钻时，你要调整它的转数，尽量低一些。

一旦锯条开始发出吱嘎吱嘎的尖锐声响，甚至木料在钻孔时燃烧起来，那就意味着转数可能过高了。你可以用孔锯制作出轴孔精准位于中心的完美的轮子。

⑦ 埋头钻

你可以用埋头钻钻出一个圆锥形的凹洞，比如说，你可以用埋头钻将一颗木螺丝的螺丝头深深埋入木料。

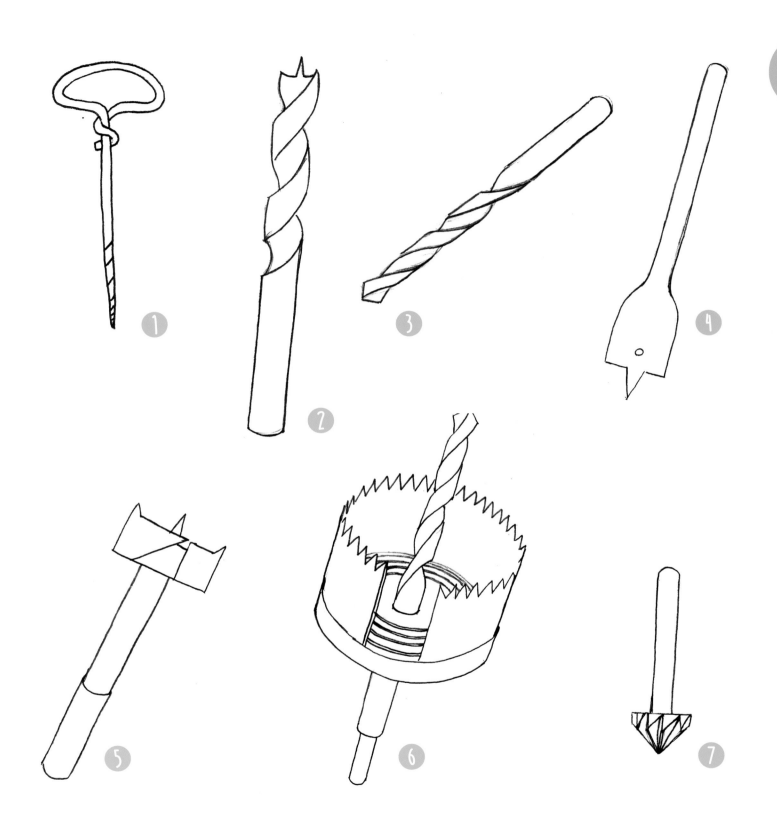

技 术

请注意，千万不要让头发、手镯、项链这些东西碰到高速旋转中的钻头。在打钻前，请务必将长头发扎起来。

- 在开始打钻前，你应该精确画出清晰的钻孔。
- 用老虎钳夹紧木料，或用螺旋夹钳将其固定在工作台上。你可以事先在下面垫一块废料，这样就能避免操作时钻到工作台或者使木料的背侧开裂。
- 如果你用的是立柱式钻机打钻，那么要用机床用老虎钳。
- 平稳且用力均匀地打钻。
- 在钻头即将打穿木料背侧前要停止施压，这样可以避免钻孔开裂。

打错了洞？

- 你可以黏入一枚木销钉，将错打的孔洞重新塞满。
- 你可以用嵌木器的油灰塞进一些较小的孔洞。
- 你可以用一把圆锉刀和砂纸锉平已经开裂的钻孔，或者也可以用嵌木器的油灰加以修复。
- 如果钻的孔过小，你可以用圆形粗齿木锉、圆形锉刀以及砂纸把它锉大些。

小贴士

如果手头没有大型钻机，你可以先钻出一连串呈圆形分布的小孔，这个圆形的直径应该是你打算钻出的大孔的直径。最后，用一把圆形粗齿木锉、圆形锉刀及砂纸将其整圆即可。

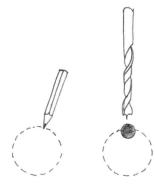

你可以先打出一连串小孔，然后再钻出一个大孔来。

如果你想钻一个孔，请注意，这个孔不能过于靠近
木料的边缘，否则木料很容易断裂。还有，那些彼
此紧挨着的孔洞也容易被打通。在横断木料上钻孔
要比垂直于纤维走向的木料上钻孔更为困难。

名牌或
门牌号

材料

· 木板或碎木料

工具

· 钻机

· 相匹配的埋头钻或钻头

· 铅笔

扬，11 岁

钻孔有无穷的乐趣，而且会越来越熟练。你在制作

名牌时会体会到的。

先用铅笔在木板上写下你的姓名，然后沿着这个铅

笔线开始钻孔。

一个孔紧挨着另一个孔。

你也可以写出门牌号，然后在数字上打钻。

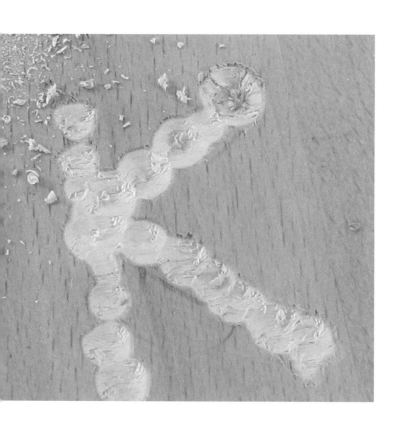

托拜厄斯，11 岁

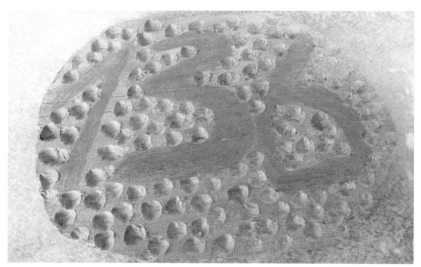

四子棋

材料

• 胶合板或木板

• 弹珠（或者小石头、谷粒、小贝壳）

工具

• 钻机

• 相匹配的埋头钻或钻头

• 铅笔

• 直尺

四子棋的游戏规则很简单：将四粒棋子连续地置于一条直线上，无论垂直、水平还是对角都可以。与此同时，你还要阻止你的对手先你一步得手。要做出这款棋盘，你需要在木板上至少钻出五行孔洞，而每行都有六个孔。

这款棋盘可以做出很多种，孔洞的数量不一。你可以尽情尝试！

制作这个棋盘也很简单：用铅笔和直尺在木板上标注出所需的孔洞，然后用埋头钻把这些孔洞钻出来即可。

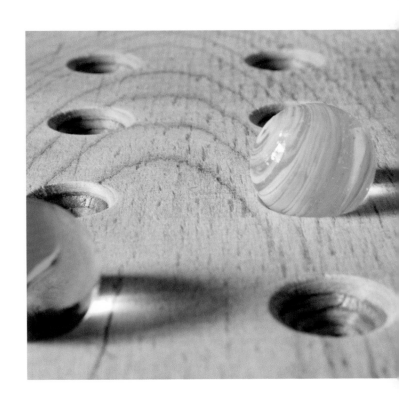

擦磨、锉磨、打磨

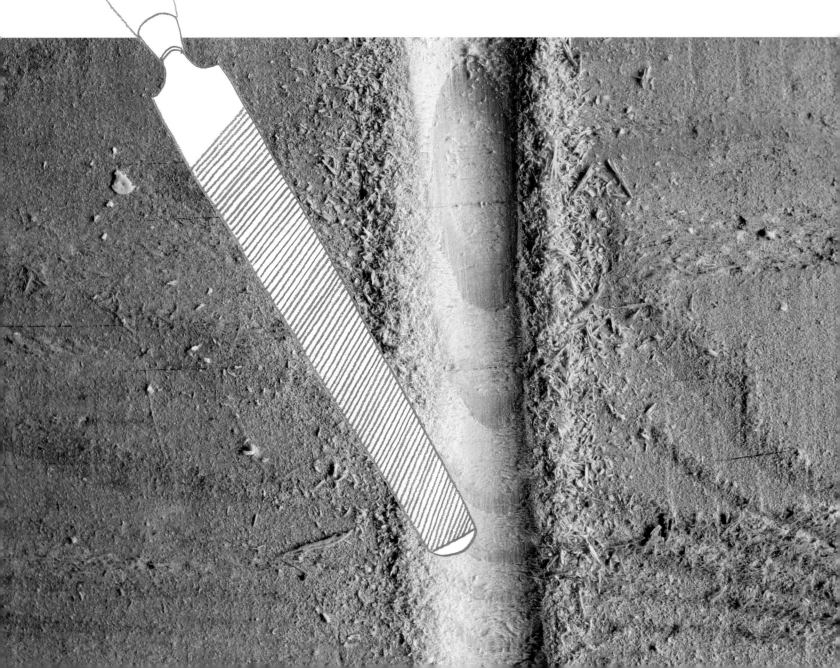

工 具

粗齿木锉

粗齿木锉上有不少齿状物，人们在制作该工具时将其一一嵌入其中，它们也被称为锉纹。锉纹的数目多少标志着一把粗齿木锉的精细程度。基本原则是：锉纹数目越少，粗齿木锉的齿状物就越少，木锉也就越粗糙；锉纹数目越多，粗齿木锉的齿状物就越多，木锉也就越精细。相较于锉刀，粗齿木锉的齿状物更大，也就能够锉平更多的材料。用粗齿木锉可以在木料上锉出较深的凹槽，之后你可以用锉刀进一步加工修整。一般来说，粗齿木锉的齿状物有一定的排布方式，操作这种木锉时要向外锉。

我们在本书所展示的木作案例中采用了以下几种粗齿木锉：

1 圆形粗齿木锉

2 扁平粗齿木锉

3 半圆形粗齿木锉

锉刀

锉刀的齿状物是以细线形式嵌入的，锉纹的称呼也由此而来。只要仔细观察锉刀表面，你就能一眼辨识出这些线条的走向。锉纹的数目标志着锉刀的精细程度。锉纹的数目越多，锉刀就越精细。相较于粗齿木锉，锉刀能够锉平的材料较少，但以此加工处理的表面更加平整光洁。不同于粗齿木锉，锉刀还可用于金属加工。我们在本书所展示的木作案例中采用了下列几种锉刀：

4 扁平锉刀

5 半圆形锉刀

6 圆锉刀

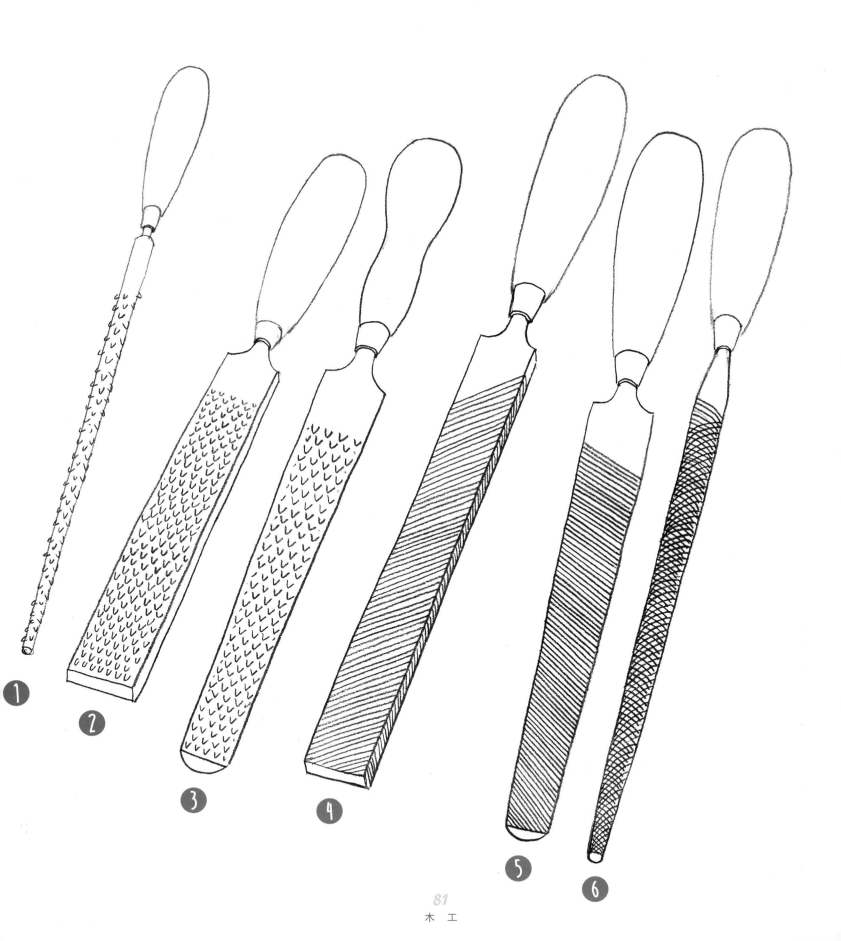

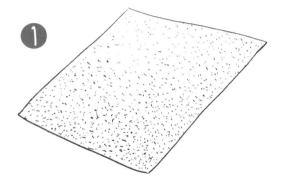

① 砂纸

砂纸是必不可少的打磨用具。不同砂纸上的颗粒大小各不相同，有的非常粗糙，有的极为精细。人们裸眼就能辨别砂纸的颗粒大小，也可用手指触摸感受这种差异。

在砂纸的背面会写有一个数字，数字越大，代表该砂纸颗粒的精细度越高：

- 非常粗糙：50～60
- 粗糙：80～100
- 中等：120～180
- 精细：220～280
- 非常精细：320～600

要想完成本书所展示的各种木工活，你就得先准备好粗糙砂纸和精细砂纸。

② 磨块

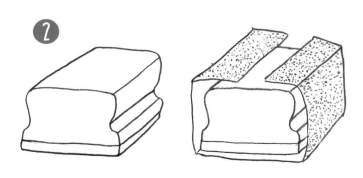

可以用手拿着砂纸直接打磨，但这有些危险，碎木屑有可能会崩到打磨者。因此，最好选用一个磨块，包裹上砂纸，一块平整的长方形木块就是不错的磨块。专业人员往往采用软木塞或者贴有毛毡的木料作为磨块。

③ 磨棒

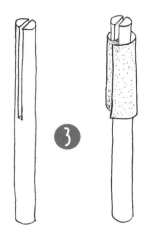

将圆木的一端纵向锯开，在这个切口中夹入一片砂纸，你就拥有了一件奇妙的工具：磨棒。你可以用它来打磨钻孔。

技术

擦磨

- 用铅笔标注出想要磨平的地方，确保其清晰可见。
- 将木料放入老虎钳中夹紧固定，确保其在擦磨过程中不会弹跳。
- 擦磨时，你应该站在离工作台前一步远的地方，这样可以方便身体在操作时自如移动。
- 动作平稳且用力均匀，将粗齿木锉朝外推动。要充分利用粗齿木锉的整个长度。
- 如用右手握住粗齿木锉的把手，请用左手手指在粗齿木锉的尖端处额外施压。惯用左手者请反向操作。
- 回撤粗齿木锉时，请取走工件上的锯齿状物。
- 加工胶合板以及横断木料的正面边缘处时，你必须小心翼翼地擦磨，否则，木屑很容易崩出来。
- 请注意，不要在老虎钳内进行擦磨。否则，粗齿木锉很快就会变钝而无法再使用。

锉磨

- 锉磨和擦磨一样，需要协调双手操控锉刀，一只手放在尖端处，另一只手握住把手。锉磨和擦磨仅有一个区别：锉磨时，你在回撤锉刀时无须从木料上取走那些锯齿状物。

打磨

- 打磨时请夹紧木料，或者也可用螺旋夹钳将木料固定在工作台上。
- 用砂纸包裹磨块，沿着木料纤维走向打磨，使其表面被磨得平整光滑。
- 如果只想轻轻摩擦表面，可以将磨块放在一边，在砂纸上略微施压即可。
- 如果砂纸上沾上了一些磨下的碎屑，对着工作台拍打干净即可。
- 先用颗粒粗糙的砂纸，再用颗粒较为精细的砂纸，这样可以将之前所用砂纸留下的刮痕磨掉。
- 如果表面看起来已经足够平整光滑，用一块湿毛巾将木料浸透，木纤维就会因此膨胀开来。等到木料变干，再次用一张精细的砂纸轻轻打磨，这样木料的表面就会非常光洁了。

帕特里奇，11 岁

通过擦磨、锉磨和打磨，你可以将木料加工成你想要的任何一种形状。在这个过程中，木料会被磨出一些细小的碎屑。这种木加工方式也被称为切削加工。如果想要去除木料上不平整和粗糙的部分，方便黏合或者在木料表面上画图，就需要这项技术了。

一般而言，要想在横断木料上加工出圆弧，擦磨比雕刻更为容易。你不妨尝试一下！此外，相较于雕刻，经擦磨、锉磨和打磨加工而成的作品更加圆润光滑。这一点，你自己试一下就知道了。

赛车

材料

- 一小块屋顶板条，长约 15 厘米
- 旧玩具汽车的车轴和轮子

工具

- 扁平粗齿木锉、圆形粗齿木锉
- 锉刀
- 砂纸
- 钻机
- 相应的钻头
- 老虎钳
- 铅笔

这辆赛车很快就能制作完成：取一小块屋顶板条，用铅笔在上面画出车身形状，然后进行擦磨、锉磨和打磨，直至加工成你想要的样子，接着钻出和轮子大小相匹配的轴孔，再将轮子插上去——大功告成啦。开动你的赛车吧！

帕特里奇，11 岁

帕特里奇，11 岁

大 力 士

材料

- 躯干：椴木树枝，直径 3～5 厘米，长约 15 厘米
- 双臂：两条椴木树枝，直径约 2 厘米，长约 10 厘米
- 一根圆木，直径 3 毫米，长 6 厘米

工具

- 木刻刀
- 日本锯
- 老虎钳
- 圆形粗齿木锉
- 圆形锉刀
- 扁平粗齿木锉
- 半圆形锉刀
- 砂纸
- 钻机
- 相匹配的钻头
- 铅笔

大力士的臂膀灵活可动，这样才能轻而易举地举起重物。我们主要借助擦磨和锉磨这两种加工方式制作这个小人，躯干和双臂需要分别加工。

首先剥去树枝的树皮，在上面画出小人的形状。和雕刻其他木头小人一样，你应当绘制一圈环线，然后沿着它在脖子处锯割（参见第 39 页），接着锯割出双腿（参见第 35 页）。

现在，你可以开始擦磨了。将小人放入老虎钳中夹紧，双臂也需要擦磨和锉磨加工成形。全部完工之后，你可以在小人的肩膀处用钻头钻出一个穿过躯干及双臂的孔洞，然后插入一根细圆木，在两端涂上少量胶水，把它固定在双臂上。

黏 合

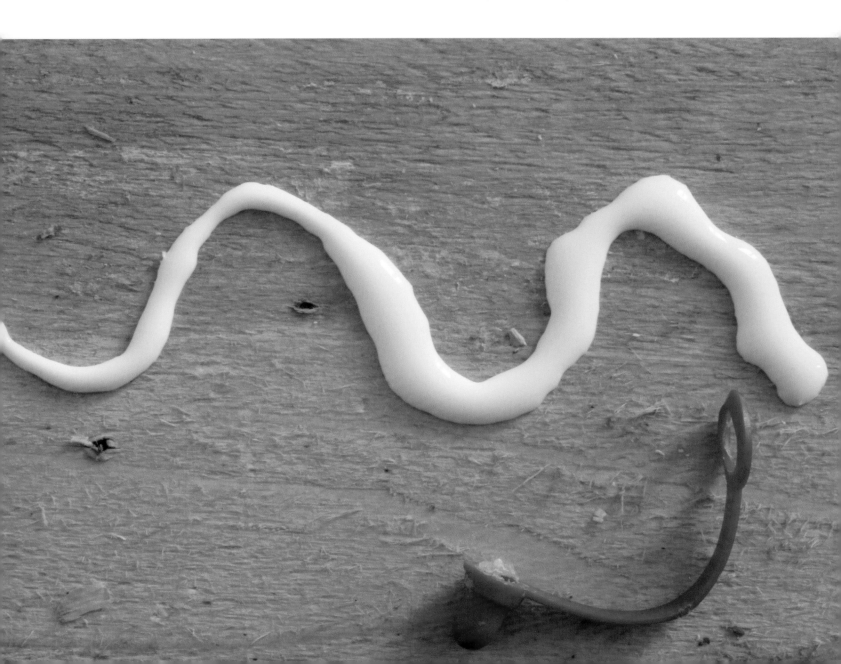

工 具

黏合需要几种必不可少的工具：一把胶水抹刀、一把螺旋夹钳以及作为垫板用的木条或木板。

① 胶水

胶水为木胶或乳白胶，白色的，黏黏的，在凝固变干之后呈透明状。我们现在所用的大多数木胶都是塑料胶水。塑料可在水中溶解，水蒸发或被木料吸收之后，塑料就会凝固。防水木胶的外瓶上有显著标识。有时需要黏合的部位较小，或者想要胶水快点干，就最好使用快速黏合胶水。相较于普通木胶，这种胶水能够凝固得更快，但往往并不防水，胶水瓶外包装上也对此做出了明确说明。

② 胶水抹刀

想要在木料上薄薄地涂抹一层胶水？那你就需要一把胶水抹刀。你可以用椴木的韧皮制作一把绝妙的胶水抹刀，当然也可用一小块厚纸板或厚纸来代替。在涂抹胶水时，你也可以用一支笔刷，但这样做也有缺点，刷完胶水后你必须立马用水冲洗，否则笔刷就会变硬而无法再用。

③ 螺旋夹钳

螺旋夹钳是一种夹具，它能将各部件紧密连接起来。你也可以借助螺旋夹钳将木料固定在工作台上。

④ 快速夹钳

快速夹钳也被称为科雷米西亚（Klemmsia）夹钳或轻型夹钳，你可以用这种夹具压紧已黏合在一起的部件。只需下翻把手就能绷紧这种夹钳，很多人都觉得这比绷紧螺旋夹钳来得容易。在夹爪上方包一层软木垫就能保护木料不受损。

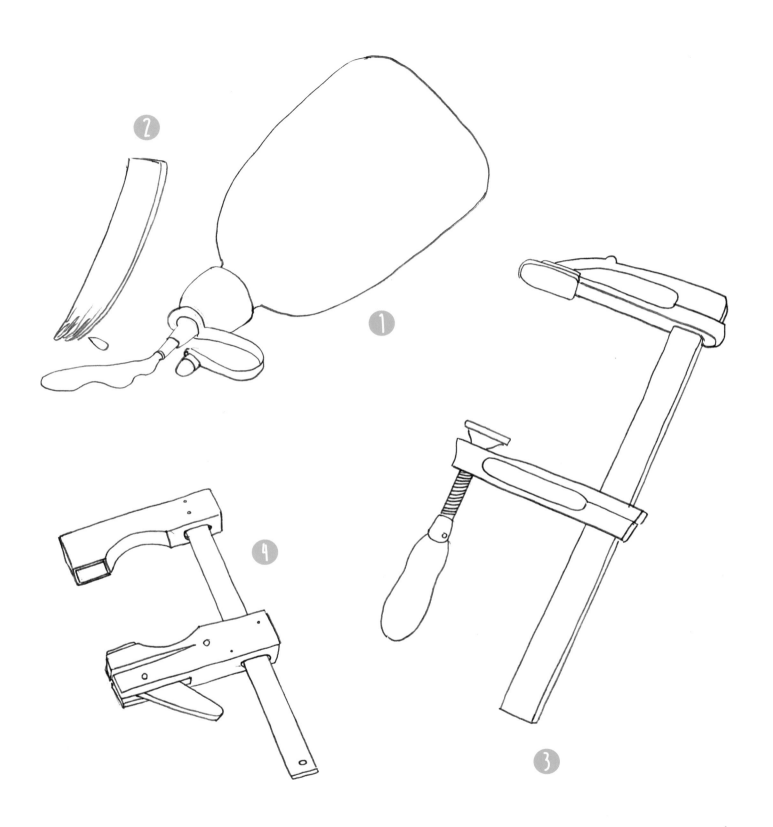

技术

最好在工作台上进行操作。如果能在下方垫一层纸，就能保护工作台免受滴落的胶水的侵蚀。

请注意选用正确的胶水：户外项目以及制作小船都需要防水胶进行黏合。

• 检查一下，看待黏合各部件是否已经干透、无尘且无脂。由于木胶只能黏合未经加工处理的原木，因此需在操作前去除之前残留在木料上的颜料或胶水。

• 看待连接各部件彼此之间是否已精准对齐，如果没有，用锉刀和砂纸加工修整黏合表面。

• 用铅笔标注出要黏合的地方，这样可以避免涂上过多不必要的胶水。

• 准备出足够多的螺旋夹钳，将其张开到合适宽度。

• 大多数胶水瓶都有一个尖嘴口，剪开尖嘴，你就可以从瓶中挤出细长的条状胶水涂抹在木料表面。

• 然后用胶水抹刀将细长的条状胶水轻轻抹开，抹得薄薄的。

• 将两块组件黏合在一起，迅速将其放入螺旋夹钳中。在夹紧螺旋夹钳的过程中，胶缝处会有少量胶水溢出。

如果没有胶水溢出呢？

那么你一定犯了以下错误：

• 胶水涂抹不足……

• 未将螺旋夹钳充分夹紧……

• 螺旋夹钳过少……

• 待黏合组件表面未能加工到位，以至于组件之间不好黏合……

上述错误中的前三个很容易纠正，但如果是最后一个，你就不得不刮掉已经涂抹上去的胶水，重新擦磨和锉磨组件表面，使其之后能黏合上。

在乳白胶变色并呈玻璃般透明状之前，你应该及时用抹刀抹除溢出胶缝的胶水。最保险的做法是将保持黏合状态的组件放入螺旋夹钳中夹紧过夜，待其变干。

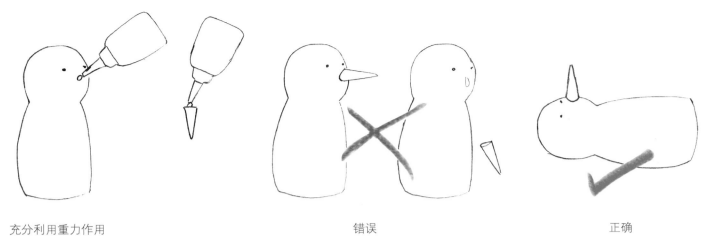

充分利用重力作用　　　　　　　　　　　　错误　　　　　　　　正确

有时，黏合部位较小，不太好用螺旋夹钳。这时你不妨充分利用重力作用或者干脆在待黏合的木料上放置一个砝码。即使木料奇形怪状，你也可以利用绳索、橡皮筋或者夹紧带将它们挤压在一起。

黏合不牢，怎么办?

如果过早移动刚刚黏合的部件或在黏合时胶水涂得过少，就会出现黏合不牢的情况。极其干燥的木料或横断木料切口会迅速吸走胶水中的水分。你可以多黏合几次、涂抹更多的胶水或采用木销钉。黏合面过小也有可能出现黏合不牢的情况，此时，你应该扩大黏合面，比如说，你可以钻一个孔洞，用以稳固小脚、尖嘴、操向轮杆以及轮船桅杆等小型组件。

扩大黏合表面

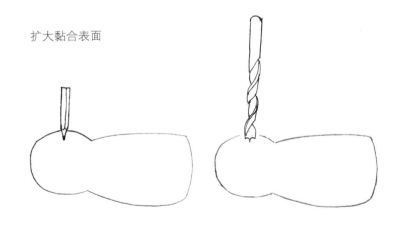

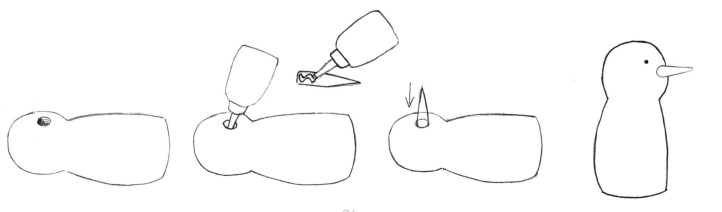

通过黏合可以把各木块组件长时间地连接在一起，这样的黏合连接有一个特点，除非刻意毁坏，在多数情况下各组件不会自行分离，因此，你在黏合之前要考虑清楚。这是一门精巧的技术，如果处理得当，几乎看不到黏合的痕迹，而且连接得持久而稳固，几乎适用于任何木料，从极其纤细的鸟腿一直到厚实的大方木料都可采用这种连接方式。

灯饰小屋

材料

- 胶合板，厚约 3 毫米
- 小圆蜡烛

工具

- 细工锯
- 日本锯
- 钻机
- 相匹配的钻头
- 木胶
- 砂纸
- 角规
- 直尺
- 铅笔

通过割锯和黏合就可完成这个作品。首先在一张胶合板上画出所有组件，然后用细工锯将其分别锯下，相关内容可查阅第 58 页。将锯下的各个组件黏到一块配有后壁的基板上。温暖的烛光透过窗户，这座完工的小屋在暗处显得特别漂亮。

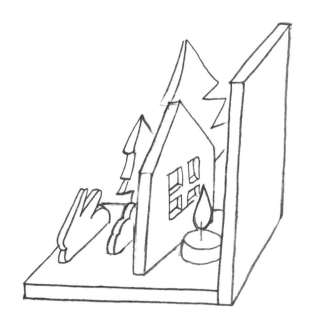

罗莎莉，11 岁

究竟是谁在夜里悄悄潜入这间小卧室，躺在沙发上看电视呢？这可是个大秘密。不过可以肯定的是，你能轻而易举地制作出这样一间卧室：只需将各种废木料黏合在一起，不一会儿，沙发、茶几、电视机以及一盏落地灯就被做出来了。或许，住在里面的人还需要一张床、一个厨房或者一间工作室？

材料

• 小木板

• 各式各样的废木料，有棱角的或是圆形的

工具

• 木胶

• 胶水抹刀

• 铅笔

• 有可能用到日本锯

• 螺丝锥

弗洛，9 岁

滚珠游戏盘

材料

- 两块大小相同的大木板
- 木条
- 废木料
- 弹珠

工具

- 木胶
- 日本锯
- 钻机和钻头
- 砂纸

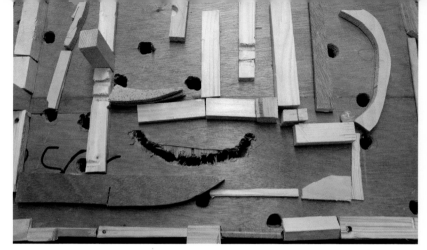

亚娜，12 岁

在滚珠游戏盘上，人们通过倾斜木板将滚珠滚到目标位置。轨道上的那些孔洞是些小陷阱，这就需要游戏者运用技巧。做这个游戏盘必须用到黏合技术。在第一块木板上画出轨道并钻出孔洞，这些孔洞必须足够大到能让滚珠落进去。在四周黏合上废木料作为边界，用相同高度的木条在第二块木板四周黏上一圈边框。注意，木条高度必须大于滚珠直径。最后，将含轨道的第一块木板黏到第二块围有木条的木板上，这就好比是一个盖子，现在底板就可以接住那些落入孔洞的滚珠了。

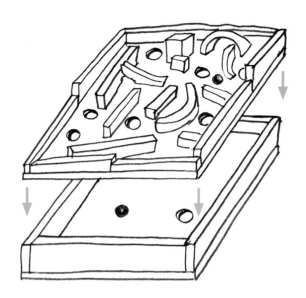

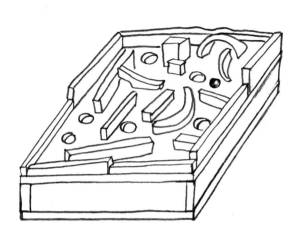

小贴士

如果滚珠很大而且很重，你就要找一位朋友和你一起玩，这样才能来回倾斜轨道。不过，你也可以在下面垫一个旧锅盖，这样一来，木盘子就能借助锅盖把手在上面摇摆晃动了。你可以在板底钻个小孔，每当滚珠落到锅盖上时，它就会发出叮叮当当的欢快声响。

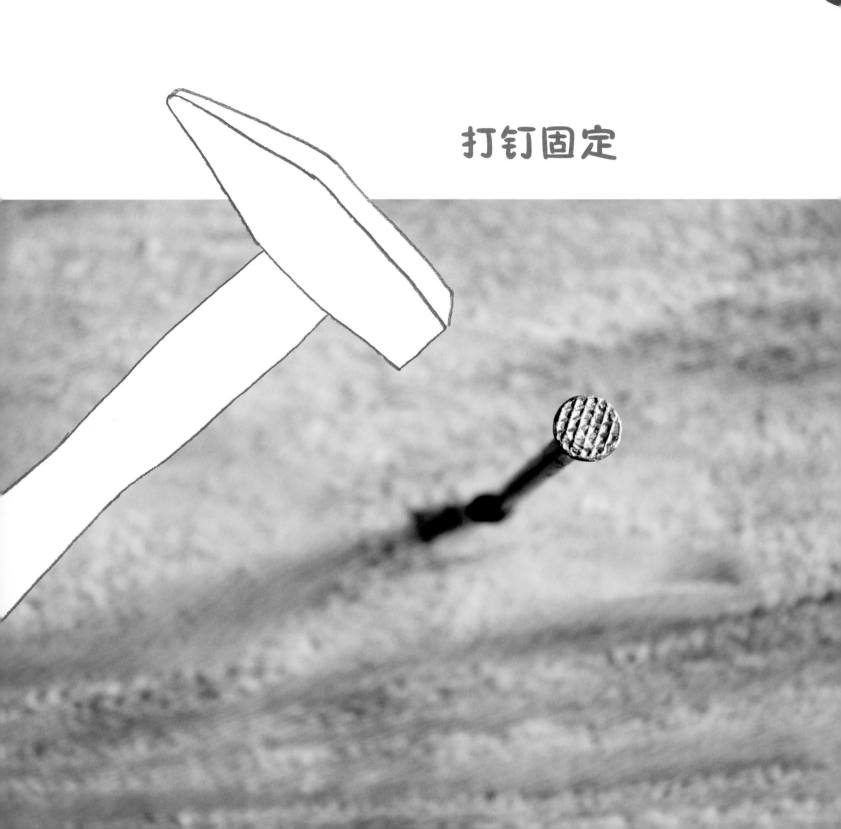

打钉固定

工 具

为了打钉固定，你需要一些钉子、一把锤子，有时还会用到一把手夹钳或一把拔钉锤。

市面上有各式各样的钉子，直径和长度这两个数字标识了钉子的尺寸，也就是说，标识 2.5*35 意味着这颗钉子的直径为 2.5 毫米，长度为 35 毫米。本书所展示的木作案例用到了以下几种钉子：

❶ 圆铁钉

通常由未硬化钢制作而成。这种钉子适合用来连接木制组件，而且多数情况下都能满足要求。带有埋头的圆铁钉 ❶a 可以用来快速固定，但如果打得过深，有可能导致木料上出现裂纹。顶锻的圆铁钉 ❶b 可以深埋，胶合以后几乎看不出来。

❷ 钢钉

由硬化钢制作而成。这种钉子比圆铁钉更加坚固，人们也可以将其打入墙体。

❸ 垫钉

有一个大大的圆头，可以用来固定垫套。

❹ 油毡纸钉

用来钉牢油毡纸。这种钉子有一个大大的宽头，可以避免油毡纸被撕裂。

当然，为了避免木料在打钉时裂开，你也可以采用一些别的材料，比如金属板、厚纸板、平板、织物以及橡胶。

❺ U 字形钉

这种钉子其实是用来固定铁丝篱笆网的。它有两个尖端，可以深深地打入木料。木工项目中，凡是有小金属环的地方，都要用到这种钉子。比如说，在木艇或木船上固定一根绳子就会用到这种钉子。它们也可以作为拖车挂钩使用。

❻ 锤子

你可以用锤子打钉子。锤子的大小和重量各不相同。克重标识了锤子的大小，这个数字会被刻铸在锤头上。我们常用的是 200 克重的锤子，但如果打钉时无法握住把手端部，那么这把锤子对你来说就太重了。

❼ 手夹钳

你可以用手夹钳将已经扭弯的平头钉或者小钉子重新从木料中拔出来。

❽ 拔钉锤

拔钉锤有两大作用：你既可以用它的锤头打钉，也可以用它分叉的鳍状部分即卡爪将已经扭弯的钉子重新拔出。拔钉锤主要适用于处理那些大钉子。

❾ 尖嘴钳

打钉时，你可以借助尖嘴钳固定住较小的钉子，而不必担心敲打到自己的手指。

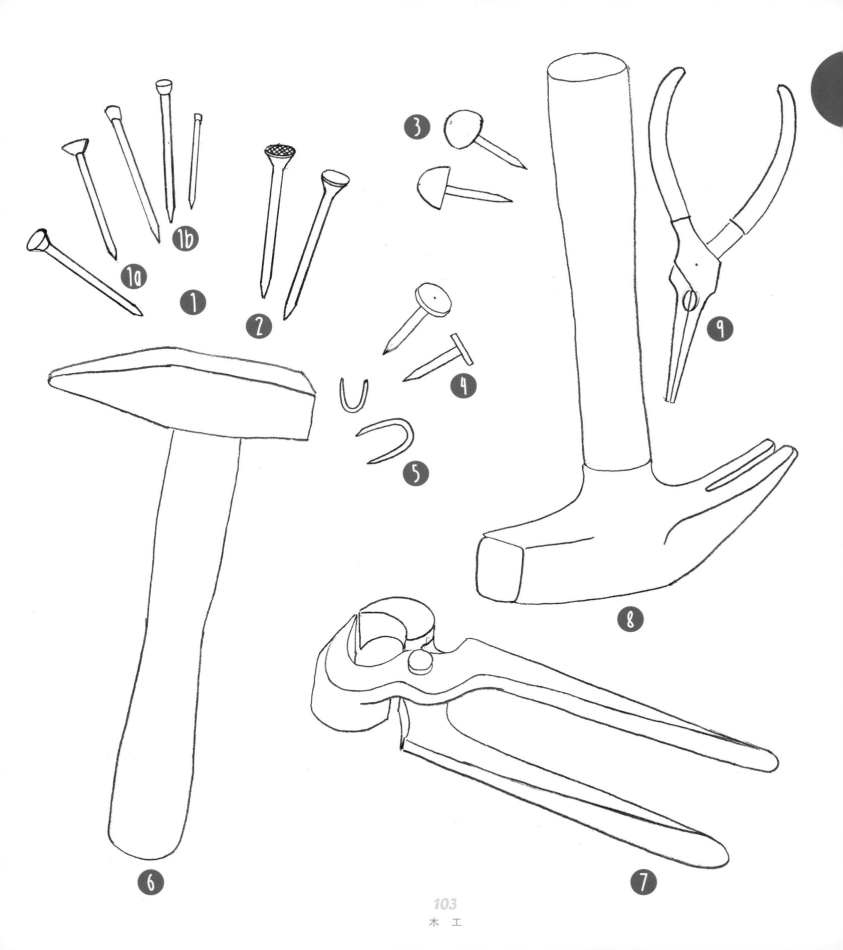

技术

- 要选取和木料相匹配的钉子。有一个简便的法则：应将钉子的三分之二打入木料。
- 用拇指和食指将钉子捏住，用锤子在上面轻轻敲击。如果是自己捏住钉子，你在敲钉时就能更加用力。
- 垂直敲击钉子。握住锤子的把手端部，仅用小臂挥动锤子，与此同时，尽可能保持手关节不弯曲。
- 如果钉子较小，你可以利用锤子的狭长侧即鳍状部分敲击。
- 如果打钉处距离木料边缘过近，容易导致木纤维劈裂，顺着纤维走向往往会生成裂缝。
- 如能事先对钉子进行顶锻加工，就能避免出现上述问题，即通过锤击去掉钉尖的棱角使其变钝。经过顶锻的钉子会将木纤维按压下去，而不会使其劈裂。
- 如果加工的是硬木，你就要事先钻一个孔或者修剪钉尖。经过修剪的钉尖在钉入的过程中会将木纤维切断，这样一来，钉子就更容易被钉入木料。

钉子打不进去，怎么办？

这可能是因为你的锤子太轻了。选用一把重一点的锤子，如有可能，也可采用较小的钉子。你可以用一个细钻头预先钻孔（参见第74页）。重要的是，必须确保木料在打钉过程中不弹跳，你要将木料压紧或者固定。

钉错了，怎么办？

如果钉错了，或者钉子在钉入的时候扭弯了，怎么办？这个时候，你可以用一把手夹钳或拔钉锤把它重新拔出来。握住手夹钳保持垂直方向，用钳嘴抓住钉子，再压紧钳子把手，然后借助一边的钳嘴翻卷夹钳。

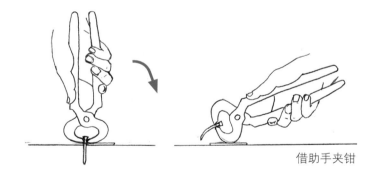

借助手夹钳

要拔出长钉子必须得循序渐进。取一把拔钉锤，推动钉头下方的卡爪并借助锤把手使力，将钉子撬起。在下方垫一小块厚卡纸能够保护木料表面免受损坏。

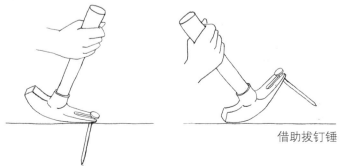

借助拔钉锤

要想使木制组件持久地连接在一起，你可以采用打钉固定的加工方式。多数情况下，无须刻意破坏就能重新分离打钉连接的木组件。正因如此，打钉固定属于一种可松解的连接方式。打钉是连接木料最为快捷也最为简便的方法。打钉连接的时候，你要注意一点，通过这种方式连接的组件有可能在长时间折腾之后发生松解，钉子会脱落，这样一来，打钉固定的轮子就有可能掉了。

打钉不仅可以用来连接木料，还能用于塑形。比如说用来做出一只长满刺的小动物。

钉子图画

材料

• 小木板或者废木料

工具

• 铅笔
• 油毡纸钉（或垫钉、圆铁钉）
• 锤子

路德维希，7 岁

你不仅能用钉子连接木料，还能钉出各种图画！无论是小动物、小人、景观还是你自己的名字，都可以通过打钉制作出来：在一块小木板上画出图样——然后就可以动手打钉了。

鲍里斯，8 岁

扬，12 岁

弹珠迷宫

材料
- 小木板或废木料
- 钉子
- 弹珠

工具
- 锤子
- 钻机
- 相匹配的钻头
- 铅笔

绕来绕去，百转千回……要成功地把弹珠绕出来并非易事，弹珠碰撞到钉子时会发出动人的声响。制作这个游戏盘很容易：随意挑选一块小木板，用铅笔在上面画出迷宫。每条迷宫路径都由两道并排线组成。在终点处钻出一个和弹珠大小相当的孔洞，然后打钉制作出铁篱笆，你就可以开始玩啦。在短片中，你能听到弹珠的叮当响声。

约克，11 岁

旋入螺钉拧紧固定

工 具

① 螺钉

要想旋入螺钉拧紧各木料部件，你当然首先需要一些螺钉。视材料和用途不同，你可以选用特定种类的螺钉。本书所介绍的木作案例采用了带有十字形槽口的通用多用途螺钉，其中又分为带螺杆 ①ⓐ 和不带螺杆 ①ⓑ 两大类。要想连接两个木料部件而不使其劈裂，你可以采用带螺杆的螺钉。带钩螺钉 ①ⓒ 和吊环螺钉 ①ⓓ 没有螺钉头，但在相应的位置设有一个钩子或吊环，因此，这种螺钉很适合作拖车挂钩用。你可以直接将带钩螺钉以及吊环螺钉旋入木料拧紧，当然，如果能用螺丝锥预先钻孔的话就会更为简便。

有两个数字标识了螺钉尺寸：直径和长度。如果螺钉外包装上标着 3.5*45，那就意味着螺钉的直径为3.5 毫米，长度为 45 毫米。

② 螺丝旋转工具

螺丝旋转工具通常也被称为螺丝刀，它可以用来旋入螺钉。任何一种类型和大小的螺钉都有与之匹配的螺丝刀。如果用的是带十字形槽口的螺钉，你最好能相应采用带十字形槽口的螺丝刀。

③ 电动螺丝刀

电动螺丝刀由蓄电池驱动。所用螺钉不同，这种螺丝刀可以相应替换被称为齿片 ④ 的刀头部件。

只需换挡就可更改旋转方向，这样一来，你既能将螺钉旋入木料，也能将其重新旋出。此外，操作者还可以根据螺钉的大小和木料的硬度调整转数。

如果在电动螺丝刀中装入一个钻头夹紧，那么它就摇身一变，成为一把小型电动钻了，和普通的电动钻相比，它们轻得多，而且没有繁琐的电线配件，也就更方便孩子操作。

加工硬木或者选用的螺钉很长很粗时，这种电动螺丝刀特别好用。

钻头和埋头钻

要想钻孔并埋入一枚螺钉，你需要一个钻头以及一把埋头钻。

参阅第 72 页可以获取更多相关信息。

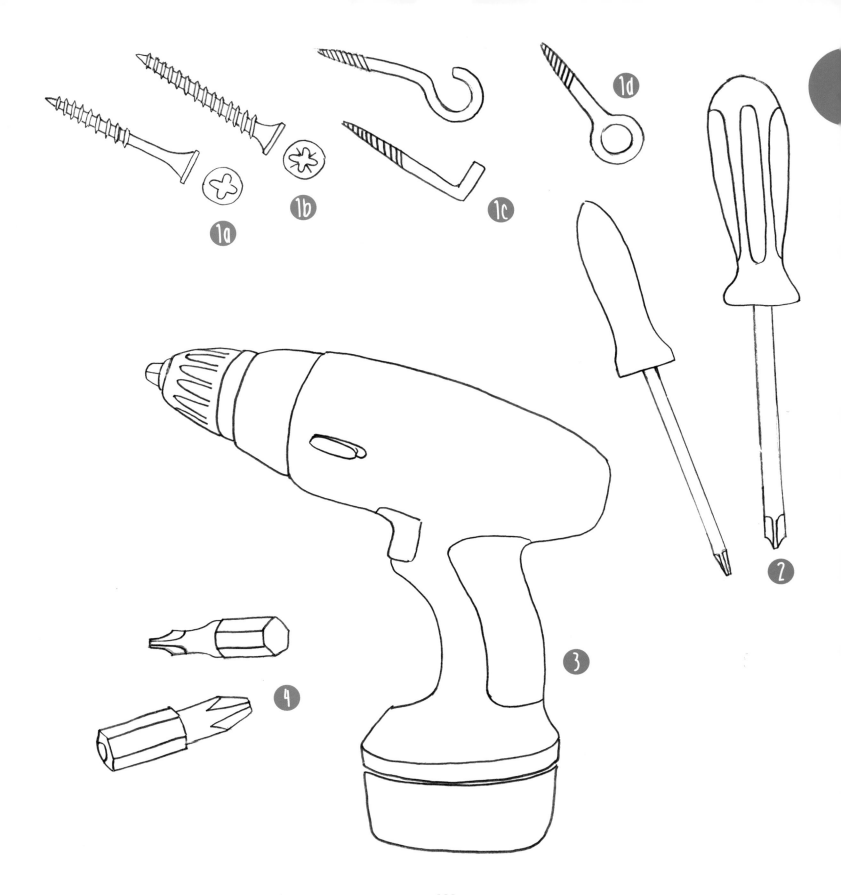

技 术

- 根据螺钉类型和大小找到一把相匹配的螺丝刀。螺丝刀如不匹配会损坏螺钉或木料，而且你也有可能在旋入螺钉时受伤。

- 正确放置木料，这样你在旋入螺钉施加压力时，木料才不会滑落或弹跳。

- 尽可能使螺丝刀或电动螺丝刀与木料保持垂直，在旋入螺钉时从上方施加压力。

- 旋入螺钉时，如果电动螺丝刀发出嘎嘎的响声，这说明你没有用对齿片，或者你从上方施压不够。

- 虽然某些新型螺钉带有自攻螺纹，但如能预先钻孔，会使旋入螺钉更加简便。这样一来，你就能避免木料在旋入螺钉时开裂或者螺钉卡在半路，这一点对于处理硬木而言尤为重要。你可以用一把螺丝锥（参见第 72 页）或一个细木钻头预先钻孔。这个孔洞不能大于螺钉的直径。

那些不能露出木料表面的螺钉必须深埋。这就意味着你得钻出一个能使螺钉头沉入的较大孔洞。你可以借助埋头钻（参见第 72 页）完成该操作。如果手头没有这样的埋头钻，也可使用普通的钻头，其直径应比螺钉头的直径略大些。

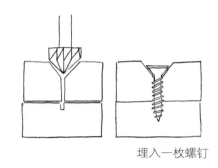

埋入一枚螺钉

小贴士

如果手头只有一枚短螺钉，别担心，它也能用，你只要把它埋入木料即可。

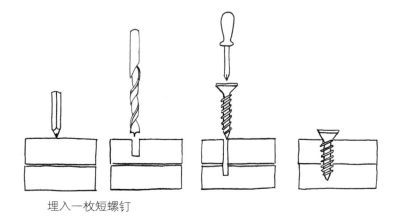

埋入一枚短螺钉

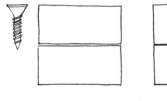

埋入一枚短螺钉

想让各木制组件连接得持久些吗？你可以旋入螺钉将其拧紧。以这种方式连接的木制组件无须刻意毁坏就能重新松解。因此，旋入螺钉拧紧属于一种可松解的连接方式。

在设计螺钉连接方案时请注意，边缘的木料容易劈裂，因而螺钉旋入时不能过于靠边。如有可能，也不要在狭长的横断木料处旋入螺钉。你可以用这种连接方式固定铰链、把手以及其他小五金件。

有些木料由于其形状不好匹配，因而无法通过黏合或者打钉的方式连接，此时你可以尝试用旋入螺钉拧紧的方式。

螺钉往往比较显眼，即使埋入螺钉并用嵌木器的油灰或木销钉填塞钻孔，也并不很管用。

小钥匙板

材料

- 木板条、小木板或者废木料，至少 1 厘米厚，长约 30 厘米（可排列三个挂钩）
- 3 个（或更多）带钩螺钉（2*30）

工具

- 直尺和铅笔
- 螺丝锥
- 钻头

布鲁诺，15 岁

你是不是一直都在找自己的钥匙串？而且每次都把它丢在不同的地方？那你就需要一块小钥匙板了！

这块安有挂钩的木板也能用来挂洗碗布、防热手套或带柄小刷。

你可以设法搞到一块漂亮的废木料或小木板，这块木料的厚度要超过 1 厘米，这样才能固定挂钩。用铅笔标注出安挂钩的地方，借助螺丝锥在标记处预先钻孔，然后直接用手把带钩螺钉穿过孔洞，旋入木板条。

小贴士

如能在木料上钻出两个小孔用于固定螺钉，那就可以直接通过螺钉将这块小钥匙板固定到墙壁上。

小 爬 行 虫

无论是瓢虫、蟑螂还是萤火虫，制作这类小爬行虫的第一步是：旋入螺钉！蜘蛛有八条腿，瓢虫有六条腿。你可以用一块废木板条雕刻出主体躯干，也可以擦磨或者锯割出它的形状。如能用螺丝锥预先钻孔，那么旋入螺钉拧紧腿部就会更加容易。

如果你喜欢，也可以给小爬行虫装上螺钉眼睛或者螺钉触角并涂上颜色。

材料
- 废木料、废木板条、屋顶板条
- 螺钉、带钩螺钉

工具
- 日本锯
- 木刻刀
- 螺丝锥
- 彩色笔或毡笔

橡皮筋五彩曼陀罗盘

材料

- 小木板或者木盘
- 通用多用途螺钉（2.5*30）
- 五彩橡皮筋

工具

- 直尺
- 铅笔
- 圆规
- 电动螺丝刀（或带十字形槽口的螺丝刀）

在这个木作案例中，你可以用到之前学到的螺钉旋入技术。你只需将一些螺钉旋入一块木板即可完成这件作品。不过请注意！在这之前，你最好先借助圆规画出图样。画得越精细，螺钉的位置就越准确。你可以将一根橡皮筋撑开套在两枚螺钉上，多根五彩橡皮筋叠加在一起就能构成图案了。

这个曼陀罗盘的基本形状是一个圆，它就像一个圆形大蛋糕，被等分成数块。旋入的螺钉越密集，之后形成的图案就越丰富。你可以试验一下，不断将橡皮筋套在已经旋入的螺钉上，这样一来，你就能确定旋入下一枚螺钉的位置。

在玩这个曼陀罗盘时，你既可以不断尝试做出新的图案，也可以将所有喜欢的图案重叠套在一起。五彩橡皮筋会使图案看起来特别漂亮。如果你喜欢，也可以弹拨这个五彩曼陀罗盘上的橡皮筋，并伴随着旋律哼唱。

半圆板搁架

材料

- 外体长侧面：

  胶合板，至少 8 毫米厚，

  外体约为 2*40*25 厘米

- 外体短侧面：

  2*25*20 厘米

- 外体上部盖板：

  2*8*20 厘米

- 弯曲的轨道：

  松软的胶合板条，

  比如说杨木，3 毫米厚

工具

- 钢丝锯
- 螺旋夹钳
- 电动螺丝刀
- 相匹配的木螺钉
- 有可能用到螺丝锥（用于给螺钉预钻孔）
- 铅笔
- 砂纸
- 半圆形锉刀

我们现在就开始做吧！为弦乐器指板制作一个半圆板搁架。首先，你可以用钢丝锯在长的侧面木板上锯出一个半圆形切口，先锯出一块侧板，然后将锯好的侧板作为样板在第二块侧板上画出图样。将两块侧板重叠起来，检查一下它们的半圆形切口是否完全相同。如有需要，可以借助半圆形锉刀和砂纸进行加工修整，再接着锯出两块短侧面木板，然后通过螺钉连接将四块侧板拼装成一个稳固的外体。

计算一下弯曲轨道的尺寸：用手小心翼翼地掰弯薄薄的杨木胶合板。你会发现，沿某个方向要比沿另外的方向更加容易掰弯。再将弯曲的木板小心地搁置到半圆形切口上并握紧，请他人协助，用铅笔标注出曲板超出框架的区域。如果弯曲轨道木板略大于半圆形切口，搁到后者上方就更容易，因此在锯割曲板的时候，可以略微放大一些，最后再将超出部分锯掉。

你可以借助电动螺丝刀，通过螺钉将弯曲轨道固定到框架上。在此过程中，你可以请求他人协助，将轨道握紧，或者你也可以用螺旋夹钳将其固定。从最下面的弯曲处旋入螺钉，再在两侧面不断交替该操作。借助螺钉将弯曲轨道固定到外体上之后，如果还有一些木料超出框架，你可以通过锯割、锉磨或者打磨等方式将其去除。现在就剩最后一道工序了，你只需锯出上部的盖板即可——好了，你可以把乐器指板放在上面了。

帕特里奇，12 岁

小贴士

通常，我们可以利用水蒸气软化需要弯曲的胶合板。不过，如果确定了弯曲的方向，你会发现，其实直接用手就能弯曲较薄的单层胶合板。

测试，测试，测试！

现在，你已经学到很多有关木工的知识了。下面，你可以检测一下自己的掌握情况。

① 以下哪个箭头标识出了木块的纤维走向呢？你知道其他两种纤维走向的名称吗？

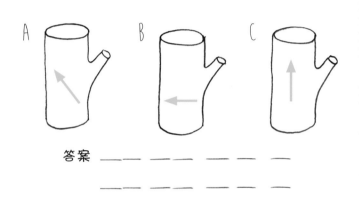

答案 ＿＿＿＿＿＿＿＿

＿＿＿＿＿＿＿＿

③ 这种工具叫什么，有什么用途呢？

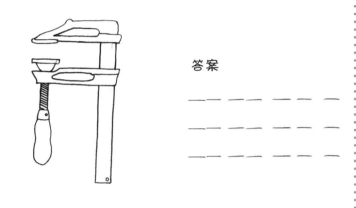

答案 ＿＿＿＿＿＿＿

＿＿＿＿＿＿＿

② 对于相同的木块，以下哪种方式更容易将其劈裂？为什么？

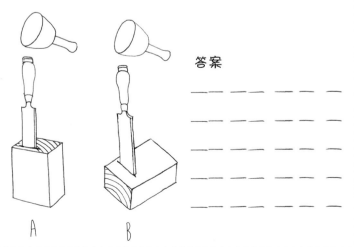

答案 ＿＿＿＿＿＿＿

＿＿＿＿＿＿＿

＿＿＿＿＿＿＿

④ 下面两种钻头中哪种是木钻头？你是怎么辨别出来的？

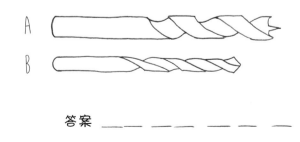

答案 ＿＿＿＿＿＿＿

5 打钉时容易把木条劈裂，你有什么办法避免这种情况的发生？

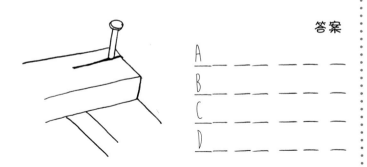

答案

A _____

B _____

C _____

D _____

6 请说出这两种工具的名字，并加以区分？

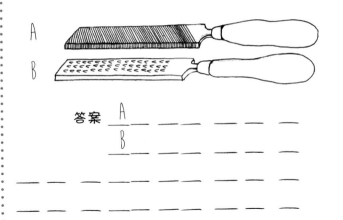

答案 A _____

B _____

_____

_____

7 如果螺钉太短，无法直接连接这两块木料，那么你有什么办法呢？

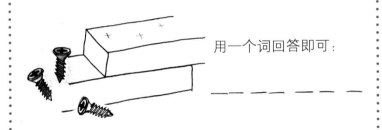

用一个词回答即可：

_____

8 为了锯割工件，下列哪种放置夹紧的方式是正确的？为什么？

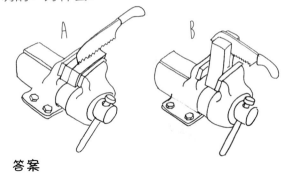

答案

_____

_____

9 下面哪张图显示了操作日本锯时的正确走向？

10 这个小矮人可不能在我们的工坊里打钻！请圈出至少 3 处错误的地方。

答 案

① 正确答案：C 顺着纤维走向。A 倾斜于纤维走向。B 垂直于纤维方向。

② 正确答案：A 顺着纤维走向更容易使木头劈裂。B 垂直于纤维走向几乎很难劈裂木头。

③ 螺旋夹钳，压紧已经黏合的组件，固定木料。

④ 正确答案：A 是木钻头，我们可以通过定心顶尖加以辨别。

⑤ A 不要在边缘部位过于密集地打钉。B 用一颗小一点的钉子。C 预先钻孔。D 事先顶锻钉子。

⑥ A 锉刀。B 粗齿木锉。粗齿木锉有一个个单独分开的齿状物，而锉刀只有一排排的牙列；粗齿木锉可以锉平更多的材料，颗粒较粗，留下的锉痕较深，而且仅能沿一个方向操作，而锉刀可以双向操作，锉刀还适用于金属加工。

⑦ 深埋。

⑧ 正确答案：B。A 中有两种相反方向的力共同作用，老虎钳的钳嘴将木料压紧，而锯子却运力撑开木纤维，这就导致锯条被卡住。

⑨ 正确答案：A。

⑩ 头发没有扎起来，没有取下首饰，直接将木料握在手里，站位不安全。

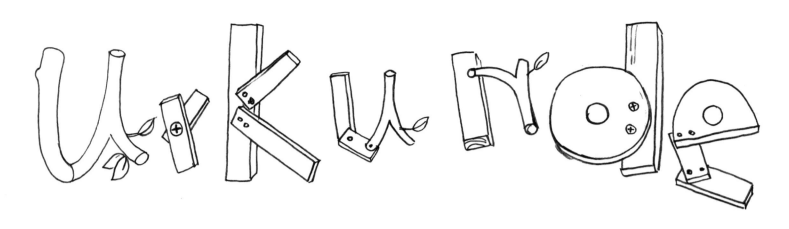

姓名 . . . .

掌握以下木料加工方法

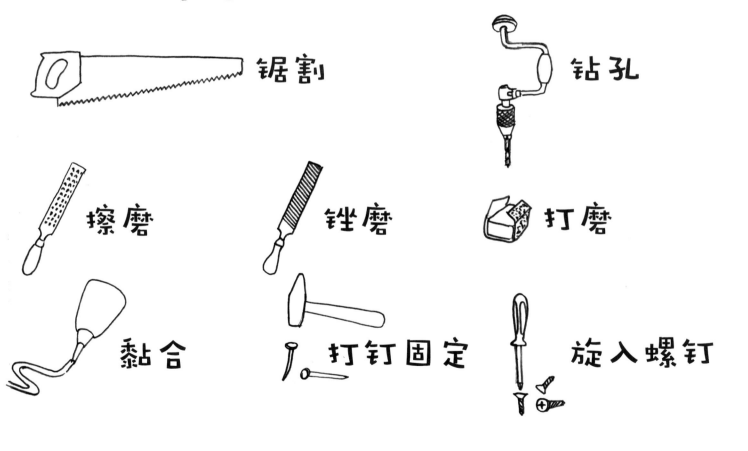

锯割

钻孔

擦磨

锉磨

打磨

黏合

打钉固定

旋入螺钉

☆ 拧紧固定 ☆

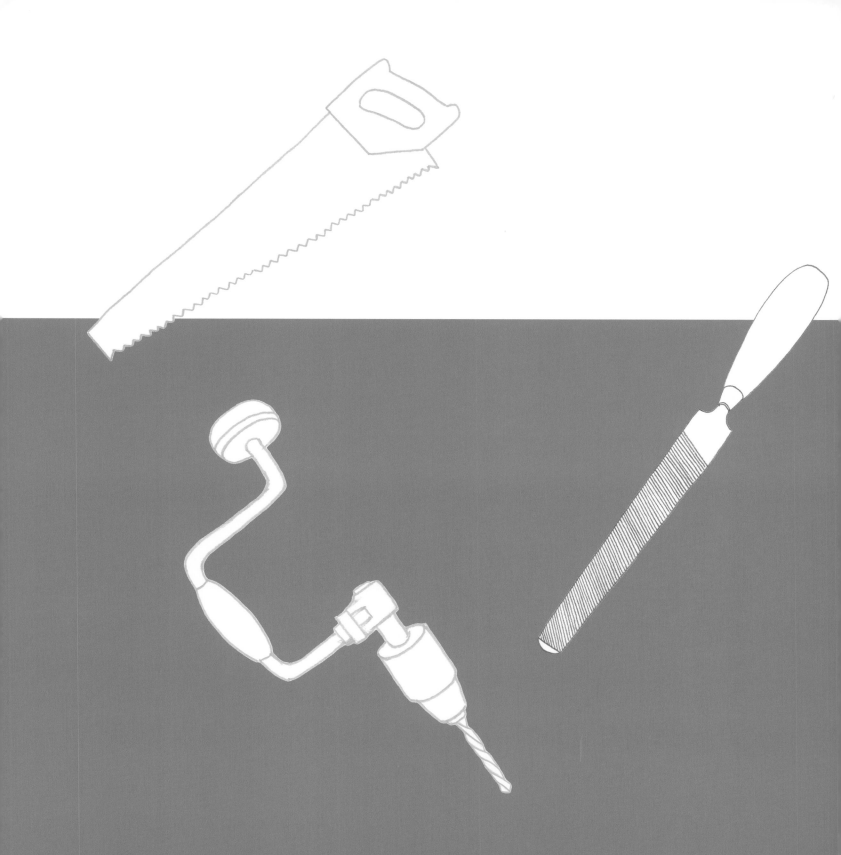

托米斯拉夫，12 岁

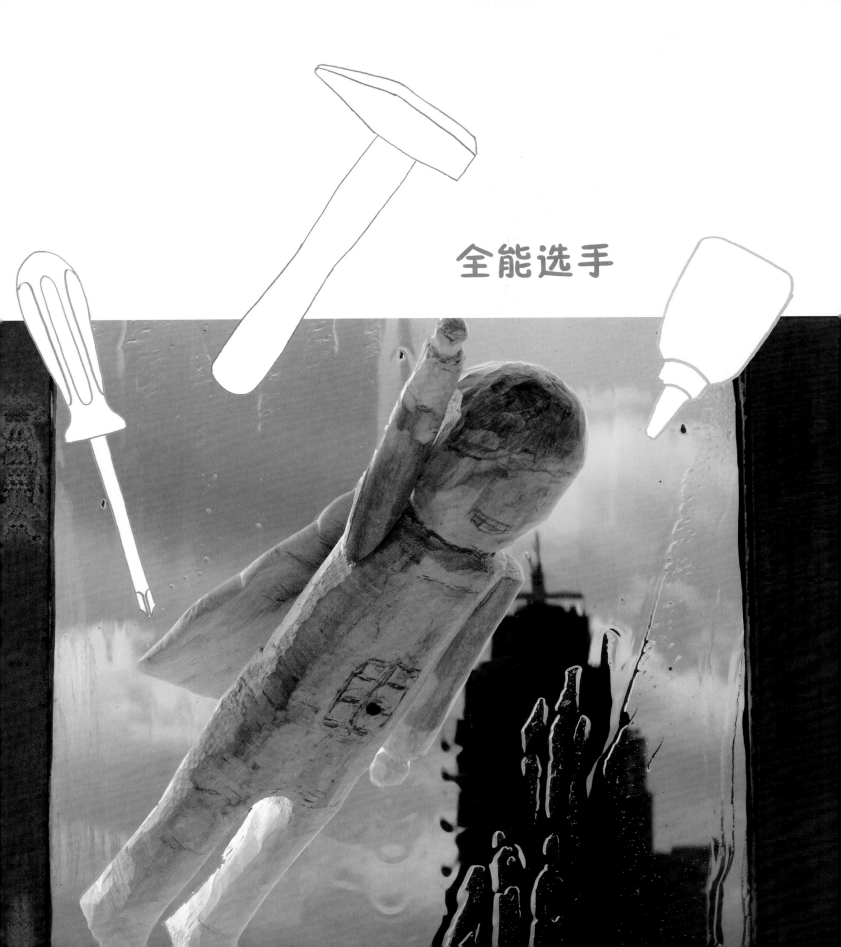

全能选手

工具挂板

材料

• 板料，1.5~2 厘米厚
（高度和长度与隔间的高度及长度相符）

• 我们所用木板的尺寸为：56*36 厘米，基座：36*10 厘米，侧板：37.5*10 厘米

工具

• 日本锯或电动钢丝锯

• 钻头，10 毫米（用于埋入螺钉）；8 毫米（用于木销钉）

• 电动螺丝刀或螺丝刀

• 通用多用途螺钉（3.5*45）

• 木销钉，8 毫米

• 木胶

• 两种丙烯颜料

• 直尺或折尺

• 铅笔

• 毛刷

• 垫在下方的纸头

• 有可能用到油漆匠的长罩衫工作服

你再也不用到处寻找工具了！有了这样一块工具挂板，你就可以有序安放你的各种工具，既节省空间，又一目了然。

首先测量用来存放工具的隔间尺寸。相较于隔间，工具挂板应该略矮些，也略短些。画出工具挂板、基座以及侧板的图样，再用钢丝锯分别将其锯割出来。

你可以先用一个 10 毫米的钻头在基座上准备旋入螺钉的各处钻出一系列约 5 毫米深的小孔，再用螺钉从下方将基座旋入挂板固定。这样一来，之后用螺钉连接时，螺钉头就能自动埋入。此时将挂板竖立在安放面上，它就不会在凸起的螺钉上左右晃动了。

用螺钉固定侧板，工具挂板就能站稳了。现在，你可以将各种工具摆放到平放的挂板上，然后考虑一下怎样放最合适。你对这种布置满意吗？如果满意，就用铅笔围绕着这些工具分别画出它们的形状，这样一来，挂板上就有了它们的轮廓线，再标注出各个木销钉的位置，这些木销钉是用于后续定位悬挂工具的。翻转挂板，在另一侧进行相同操作。标注完所有的木销钉孔后，你就可以钻孔并将木销钉黏进去了。

现在，你可以选用一种明亮的颜色涂抹挂板，再用另外一种颜色涂刷工具表面，这样你一眼就可以看清，哪把工具应该放在哪里，哪里又少了一把工具。等到颜料干透之后，你就可以把自己的工具挂上去啦！

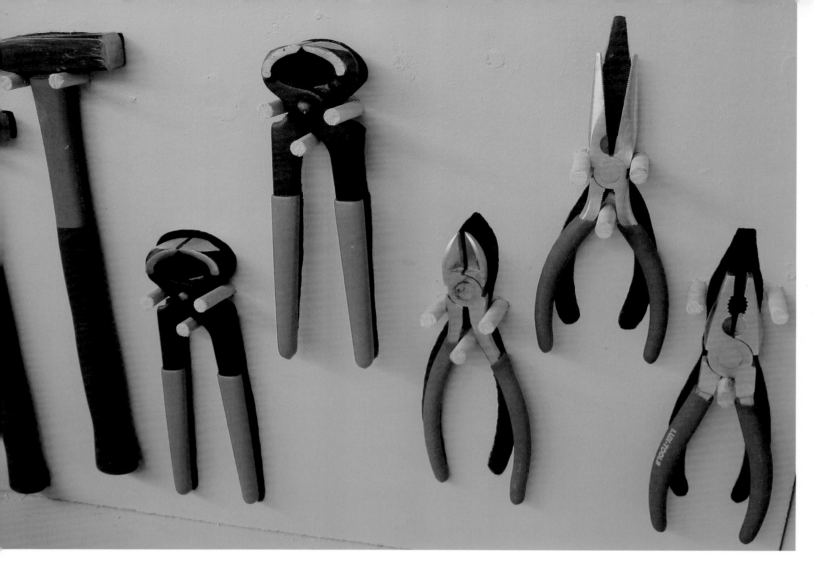

小贴士

如果无须将工具放在上面摆齐，那就无须制作基座和侧板，只要直接在挂板上旋入螺钉，将其固定在墙面上即可。

这种工具支架特别适用于摆放需要不断拿来拿去的工具，一旦少了某把工具，你一眼就能发现。另一方面，孩子们也能一目了然地看到，有哪些工具可供使用，它们又分别位于哪里。对于还不能准确地说出某样工具名字的孩子们而言，这种工具挂板对他们特别有用。

造船

材料

- 船体：屋顶板条或大方木块
  约 6*4 厘米，长约 20 厘米
- 船舱：废木料，约 4*4*3 厘米
- 围栏：钉子和细铁丝

工具

- 日本锯
- 粗齿木锉
- 锤子
- 有可能用到手夹钳
- 防水木胶
- 螺旋夹钳
- 深碗或带水的盥洗盆

扬，12 岁

你想出海远航吗？如果船只离开安全港驶向大海，就要经得起风浪。首先检测一下所用木料的水性，你可以把它放到水中观察一下吃水线（参见第 32 页）。这条线以下的木料是被浸湿的。理想情况下，这条线应该和甲板表面持平。如果确实持平，小心地从水中取出这块木料并用铅笔标注出该吃水线。如果木料朝一侧倾倒或被水淹没，你就得另外选取一块木料了。接着用日本锯锯出船头，用粗齿木锉把头部整圆，在此期间，反复将木料放入水中，不断检测它的水性，然后锯出船舱并检测一下，船体连同上方的船舱是否能够在水中平稳漂浮。

如果带有船舱的小船在水中歪斜，那就必须改变船舱的位置或者缩小船舱了。一切就绪了吗？现在你可以标注出船舱的位置并从水中取出小船了。请注意，为保持黏合表面干燥，请尽可能不要溅湿小船。将船舱黏到甲板上，钉入一些小钉子，并用一根铁丝把它们连起来，这样就形成了围栏。现在，你可以用铅笔或防水笔画出舷窗，然后给你的小船起个名字。好了，现在它可以驶离港口啦。

注意事项

无论你想制作哪种小船，若想让它驶入大海，你就要注意以下两点：

1. 造船前和造船期间都要反复检测船只的吃水线。
2. 凡需黏合处，只能采用防水木胶。

扬，12 岁；马克西姆、保罗以及约克，11 岁

构思素材

摩托车

材料

- 木板条，厚 2~3 厘米，长 5~8 厘米
- 小树枝，直径 2~3 厘米

工具

- 日本锯
- 榫凿和木锤子（参见第 168 页）
- 半圆形锉刀
- 木刻刀
- 木胶（或锤子和小钉子）
- 老虎钳

扬，10 岁

想要做木工吗？不妨做一辆摩托车吧。它的制作程序很简单：首先从一根小树枝上锯下两块小木片作为车轮，然后用榫凿和木锤子从木板条上劈下一个厚度与车轮相同的小木块，它可以作为车身，包括前灯、发动机、坐凳，其中坐凳是用半圆形锉刀加工出来的。劈开木板条，再将其中一半劈成大小几乎相同的五个小块，作为轮叉和把手，再用木刻刀雕刻出相应形状并去除边缘棱角，使其圆整。

采用打钉（如照片所示）或黏合（如图纸所示）的方式组装各部件。首先组装车轮和轮叉。轮叉架在车身上，通过黏合、打钉固定把手。

轮叉的长度和斜度决定了这辆摩托车的外形，相较于短而垂直的轮叉，长而倾斜的轮叉会令摩托车更具动感。

小贴士

一辆真正的越野摩托车自然需要配备挡板。你可以取一个塑料瓶盖，用剪刀从边缘处剪下一小片钉到你的摩托车上。

长 5～8 厘米

厚 2～3 厘米

直径 2～3 厘米

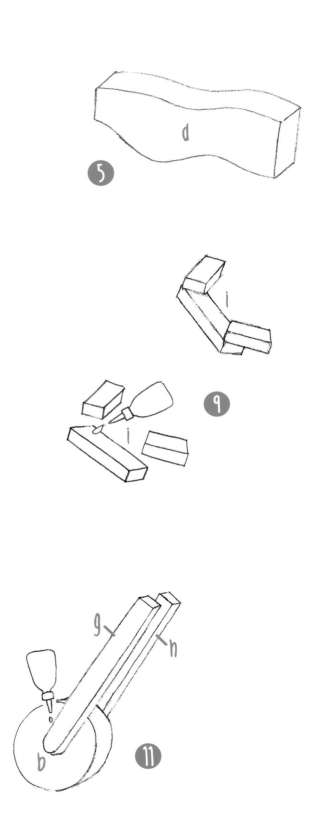

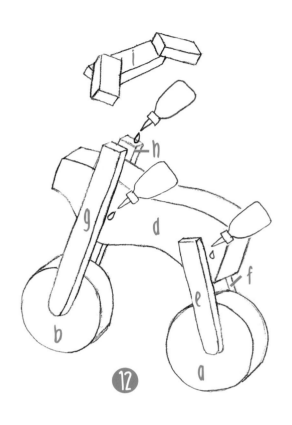

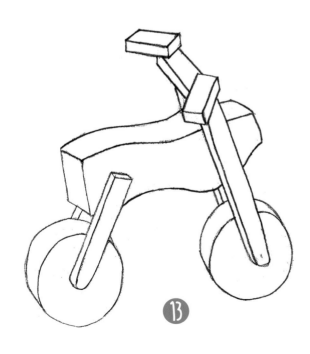

吉普车

本杰明，9 岁

材料

- 木板，长约 70 厘米
- 废木板条，长约 20 厘米
- 轮轴：笔直的树枝，约大拇指般粗，长约 30 厘米（用于两个轮轴）
- 车轮：小树枝，直径约 6 厘米，长 6 厘米（用于四只车轮）
- 车灯：各种树枝
- 铰链、轮胎：一小块自行车内胎
- 前挡风玻璃：一小块塑料片

工具

- 日本锯
- 木刻刀
- 锤子
- 小钉子
- 木胶
- 钻头，10 或 12 毫米
- 铅笔
- 直尺
- 有可能用到螺旋夹钳

海边的露营地上出现了一辆吉普车——它是由一块旧木板和各种小树枝做成的。狭长的轴悬挂装置确保了轮轴运动灵活，因而这辆吉普车可以在崎岖路面上行驶。无论是穿越低矮的灌木、泥浆沼泽地、沙地还是砾石小径，这辆吉普车都行。

制作车辆的步骤都一样，首先从轴悬挂装置开始：取一块外边缘笔直的小木板条，在上面钻一个孔，然后将它劈裂或锯割成两半，在此操作前预先钻孔就能确保两个部件上的孔洞完全一样，这样，四只车轮都能碰到地面，车子就能放平。

如果手头只有一块木板，为了确保木板足够用来制作底架、装载面、车门以及发动机盖，先要计算一下各部件的大小，再将各个部件锯割下来。

然后将轴悬挂装置黏到底架上，此时，你要注意利用好木板条笔直的外边缘，黏合装载面时也可运用同样的技巧。这样一来，即便之前的割锯不够精准，这些组件也能比较匹配。

将轮轴插入轴悬挂装置，在黏合固定车轮之前，用开口销将其固定，避免滑落。将一块木板条锯成三块大小适当的木块，在发动机盖的下方围成一个空间，将发动机盖黏在上方。锯割出一道槽口，用于支撑前挡风玻璃，用自行车内胎做出铰链，使车门和后挡板灵活可动。锯下来的小树枝可以作为车灯。

现在，你的吉普车就差一个方向盘、一块订制车牌以及一名司机了！

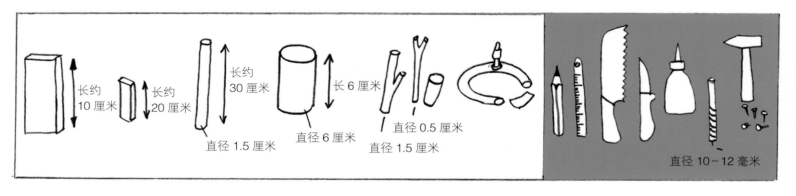

长约
10 厘米

长约
20 厘米

长约
30 厘米

直径 1.5 厘米

长 6 厘米

直径 6 厘米

直径 0.5 厘米

直径 1.5 厘米

直径 10~12 毫米

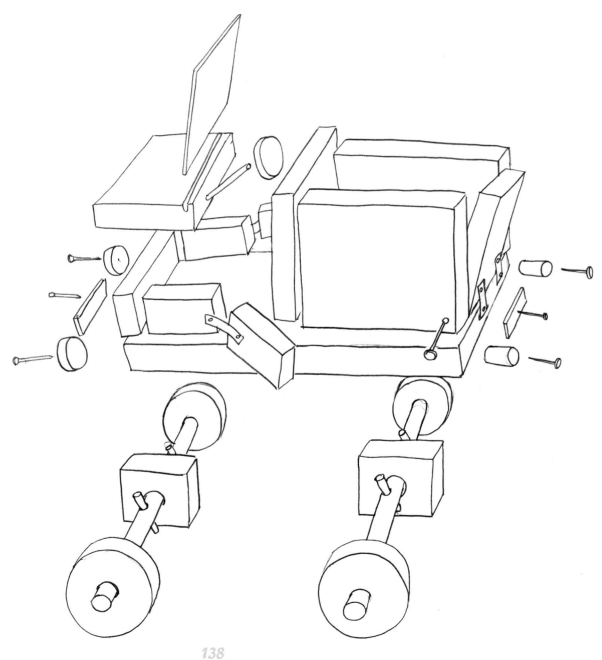

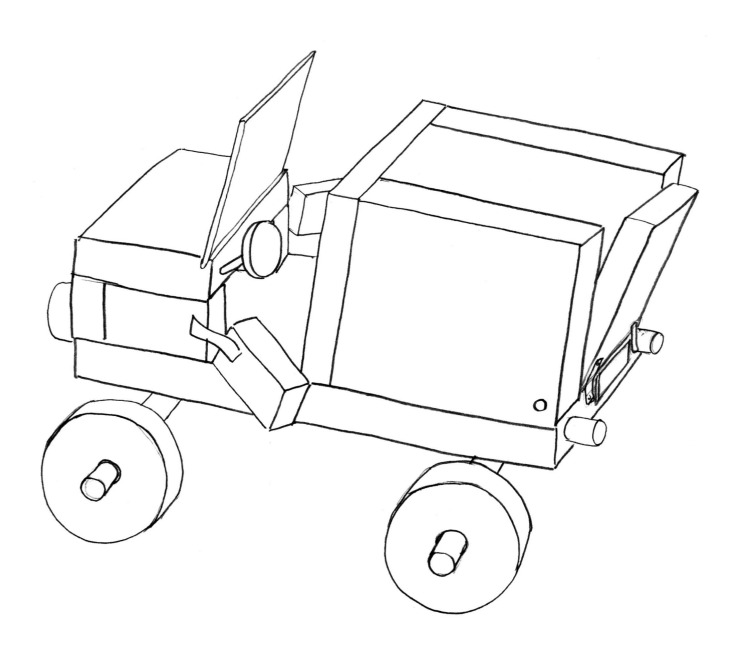

轧路车

材料

- 轧辊和车轮：小树枝，直径约 6 厘米
- 轮轴：圆木，直径 8 毫米，长 20 厘米
  （用于两个轮轴）
- 两个相应尺寸的垫片
- 车辆底盘：木板，长约 20 厘米，厚 1.5 厘米
- 驾驶室、发动机组、排气管：废木料

工具

- 铅笔
- 直尺
- 日本锯
- 木刻刀
- 电动钢丝锯或手动钢丝锯
- 木胶
- 钻头，8 毫米
- 如有可能，准备好一台立柱式钻床用于轴承制作

路面上总有一些地方需要整平，如果能有一辆轧路车就太好了。首先制作车辆底盘：你可以用立柱式钻床沿纵向在木板上钻出两个垂直孔洞安装轴承，再用钢丝锯锯出一个四边形边框放置轧辊，为了方便安装后轮，用日本锯锯出棱角形状。

在树枝上钻孔用于穿插轮轴，再锯出轧辊和车轮。现在，你可以取一根圆木作为轮轴，将其穿过轧辊以及车轮悬架，在合适长度将其锯下，将前轮轴与车辆底盘黏合。此时要注意！必须确保轧辊可以滚动，所以千万不能将它黏牢。接着穿入后轮轴，黏合后轮之前，在后轮轴两侧各套上一个垫片。

现在，你可以锯割一块大小合适的木料作为驾驶室和发动机组，将其黏在车辆底盘上。最后在发动机组上插一根排气管——你的轧路车就完工啦！

亚历山大，10 岁

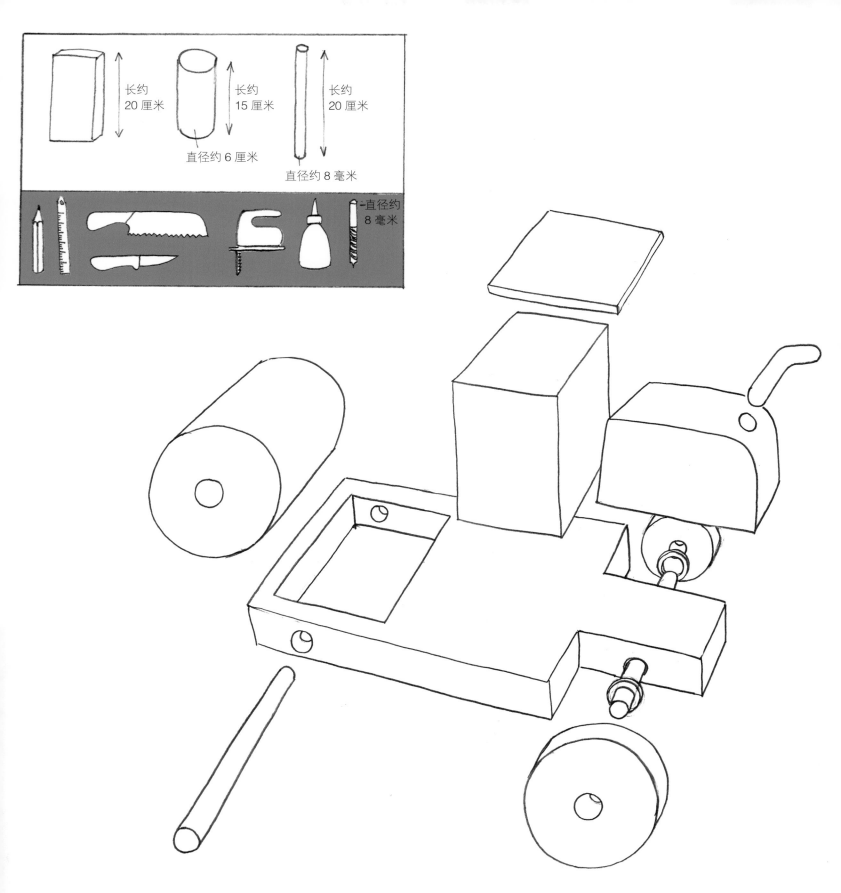

长约
20 厘米

长约
15 厘米

长约
20 厘米

直径约 6 厘米

直径约 8 毫米

直径约
8 毫米

挖土机

材料

- 屋顶板条或木板条，长约 30 厘米（或几块废木料）
- 轮轴：圆木，直径 4 毫米，长约 20 厘米（用于两个轮轴）
- 四块相应尺寸的垫片
- 车轮：小树枝，直径 2 厘米，长约 8 厘米（用于四只车轮）
- 两根橡皮带，宽约 1.5 厘米（密封橡胶）
- 中心轴承：圆木，直径 8 毫米，长约 2 厘米
- 挖土机车臂的铰链：细铁丝

工具

- 日本锯
- 角规
- 木刻刀
- 钳子（用于弯曲铁丝）
- 木胶
- 木钻头，3、4、8 毫米
- 如有可能，准备好一台立柱式钻床
- 铅笔
- 直尺
- 老虎钳

小贴士

如果车体被链条卡住而动弹不得，你就必须增加作为中心轴承的圆木的长度或减小车轮的尺寸。

车辆底盘

用 4 毫米的钻头在长约 5 厘米的木板条上钻出两个垂直孔洞，穿插两根轮轴，此操作最好能借助立柱式钻床。再用 8 毫米的钻头在木板条中间钻出一个深约 1 厘米的孔洞作为轴孔，然后将圆木棍穿过轴孔，每侧各套上一块垫片，将之前从小树枝上锯下来的车轮黏上去。张开橡皮带将挖土机的链条套紧。

挖土机车身

先用 8 毫米的钻头在长约 6 厘米的木板条中间钻出一个深约 7 毫米的孔洞作为轴孔。将长 2 厘米、直径 8 毫米的圆木黏入这个小孔，再用木刻刀轻轻削尖露出的端头，这样能方便其在底盘上灵活旋转。在凹口处安装车臂，用 3 毫米的钻头钻出小孔插进支架，再把一块废木料黏上去作为小驾驶室。

挖土机挖斗以及车臂

将长约 8 厘米的木板条劈裂成两半作为挖土机车臂，再进一步加工达到所需要的厚度。用 3 毫米的钻头在两端分别钻孔插进支架，用木刻刀雕刻出铰链部位的形状，再用一块长 3 厘米的木板条雕刻出挖斗，在其铰链部位钻孔插进支架。

现在，你可以组装所有部件了：将车身装在底盘上，将挖斗装在车臂上，再将车臂装在车身上。最后用一根细铁丝固定挖斗和车臂。

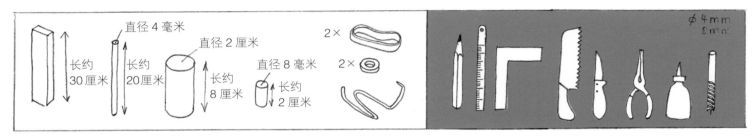

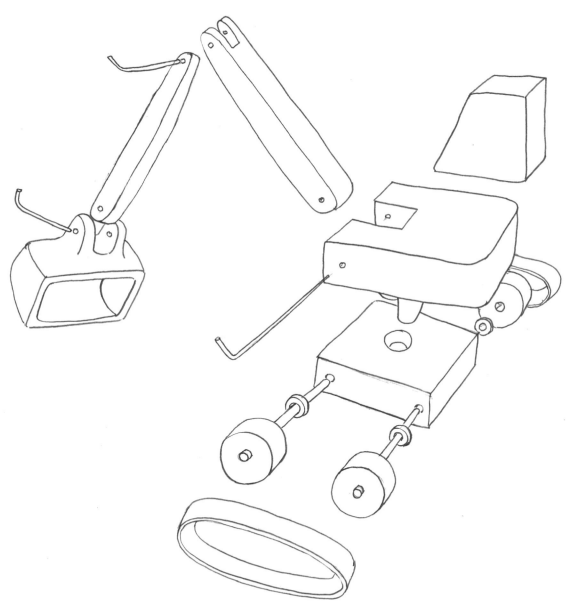

此图展示了另外一辆挖土机

扬，11 岁

运输车

现在是时候自己制作一辆运输车啦！无论是垃圾车还是载重汽车，它们的制作步骤都是一样的。

• 先做出底盘和轴承；

• 钻出轴孔，轮轴能在其中自由转动；

• 借助开口销或者垫片，轮轴被固定在相应位置上；

• 把车轮黏到轮轴上；

• 底盘完工后再搭建上部组件，比如驾驶室、装载板等。

对于运输车而言，车轮与上部组件间的尺寸比例至关重要，车轮的数目和排列也同样关键。比如说，拖拉机有两个较小的前轮和两个较大的后轮；高尔夫球车或叉车有四个小轮子；产自意大利的一些小车甚至只有三个车轮。

从外形上就能识别出哪些车辆的行驶速度较快。它们多数呈楔形。大马力运输车和牵引车甚至能够运送房屋和飞机，这类车辆往往配有多个车轮，体积庞大，四四方方的。运输车辆的外形和大小真是五花八门。

埃里克，11 岁

保罗，11 岁；拉曼和彼得，10 岁

科恩，8 岁

明克，8 岁

托米斯拉夫，11 岁

托米斯拉夫，12 岁

构思素材

藏宝箱

材料

- 木板，宽 9.5 厘米，长 110 厘米
- 圆木，直径 4 毫米，长 9 厘米
- 隐形铰链：
  两小块自行车内胎，约 3*4 厘米
- 4 颗钉子
- 可见的铰链：
  两根铰链，4 枚螺钉
- 装饰：镶入型锁眼和钥匙

工具

- 直尺和折尺
- 角规
- 日本锯
- 木刻刀
- 锤子
- 木胶
- 钻机
- 钻孔，4、5、8 毫米
- 螺丝刀
- 扁平锉刀
- 铅笔
- 老虎钳、螺旋夹钳

你能看到的锁眼只是一种装饰！我们设计了一种装置，只要旋转一下隐藏的小支撑脚，藏宝箱就能打开。这一设计构造真是奇妙！不过要想保管好里面的各式珍宝，你可千万不能泄露了这个秘密。这个藏宝箱是由一块木板制作而成的。你只需根据图样锯割并组装各部件，记得充分利用好木板笔直的外边缘。

首先将侧板和底板黏在一起，再旋入装饰用铰链并拧紧，然后把两小块自行车内胎钉入盖板和箱体作为真正的铰链。闭合接口由一块竖在圆木上的小板组成。先在底板上钻一个孔，再将闭合接口穿过底板并黏合在一个小支撑脚上。这样一来，只要旋转小支撑脚，闭合接口也就随之转动。将其他配件黏在盖板上固定。现在，你只需要在藏宝箱的正面给（假的）锁眼钻一个孔即可。

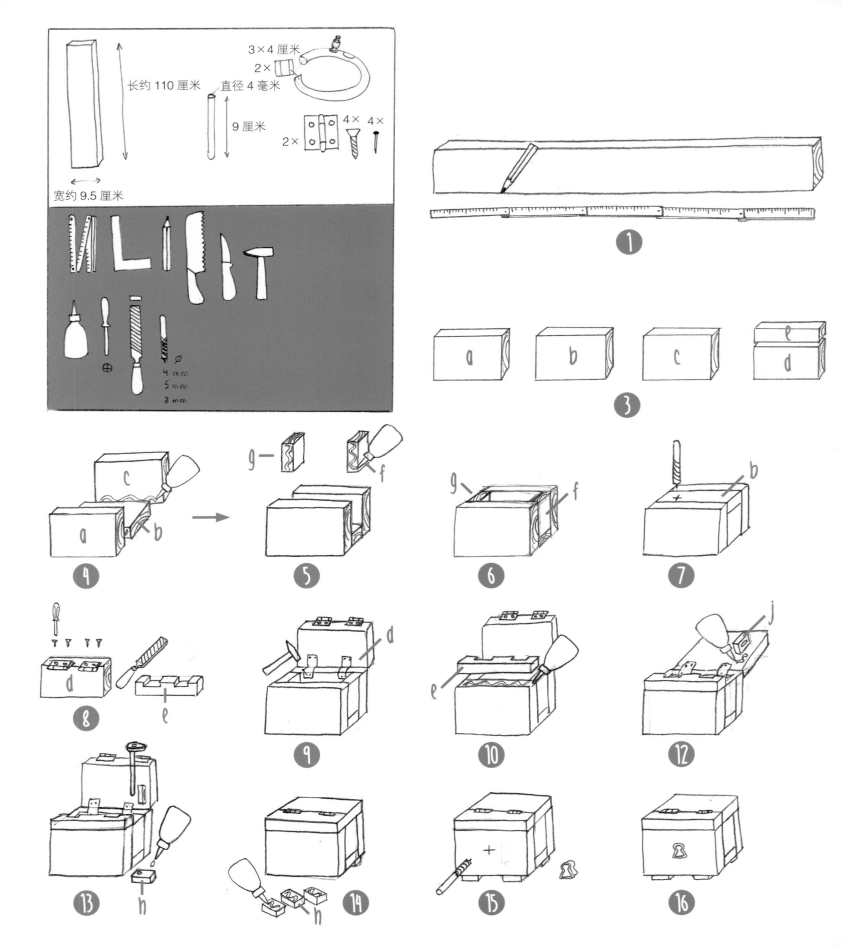

3×4 厘米
2×
直径 4 毫米
长约 110 厘米
9 厘米
4×　4×
2×
宽约 9.5 厘米

4 mm
5 mm
8 mm

①

③
a　b　c　d　e

④
c　a　b

⑤

⑥
g　f

⑦
b

⑧
d　e

⑨
d

⑩
e

⑫
j

⑬
h

⑭
h

⑮

⑯

g　f

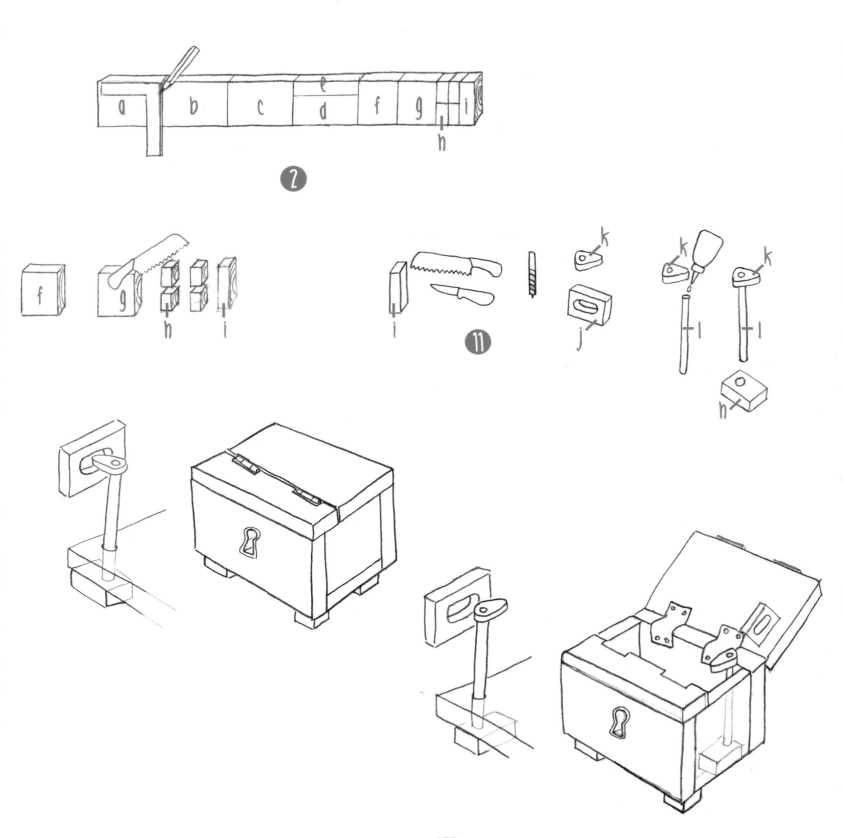

弹珠跷跷板

材料

- 3 块木板，厚约 3 厘米，宽 18 厘米，长 55 厘米
- 胶合板，约 18*35 厘米
- 树脂玻璃板，约 18*35 厘米
- 作为软木栓用的木板条，约 2*2 厘米，长 5 厘米
- 弹珠

工具

- 日本锯
- 角规
- 粗齿木锉或榫凿和木锤子
  （参见第 168 页）
- 老虎钳
- 螺旋夹钳
- 木刻刀
- 木胶
- 带有胶合板锯条和塑料锯条的电动钢丝锯
- 万能胶（或热熔胶枪）
- 有可能用到砂纸
- 铅笔
- 直尺

玩这块弹珠跷跷板需要技巧。你必须不断晃动以转移重心，以此保持平衡并令弹珠穿越迷宫，而且只用双脚来晃动跷跷板。毫无疑问，溜冰者和芭蕾舞者会技高一筹。

这块弹珠跷跷板很快就能制作完成，由于手头没有较厚的大方木料，我们可以把很多块木板黏合在一起。你可以用粗齿木锉或榫凿加木锤子将黏合在一起的木板整圆，直至能将它灵活跷动。

用胶合板锯出供弹珠滚动的迷宫路径，再把它黏到跷跷板上，注意，胶合板的厚度必须大于弹珠的直径。

为确保弹珠不从轨道里滚出来，你可以用万能胶在迷宫路径上黏一块树脂玻璃板作为盖板。盖上树脂玻璃板前再次检查，弹珠能否滚动自如，如果不能，请额外取一块平整木板置于胶合板和树脂玻璃板之间作为垫层。取一块木板条刻出一个用来堵住孔洞的软木栓，而这个孔洞可供弹珠进出。好了，现在你就可以开始玩这块跷跷板啦！

海克，11 岁

小贴士

时不时地停下来，试一下跷动的情况。
树脂玻璃板能在模型制作商店购买到。
如果想让跷跷板变得五彩缤纷，不妨
在脚踏处黏上一些彩色的海绵橡皮。

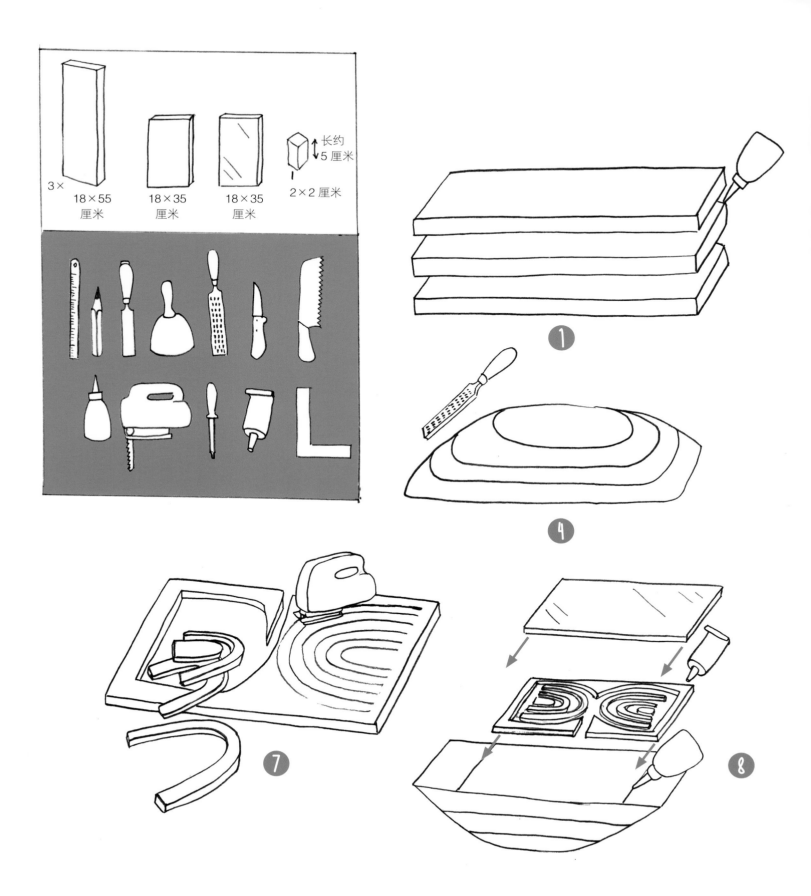

3×
18×55
厘米

18×35
厘米

18×35
厘米

长约
5 厘米

2×2 厘米

1

4

7

8

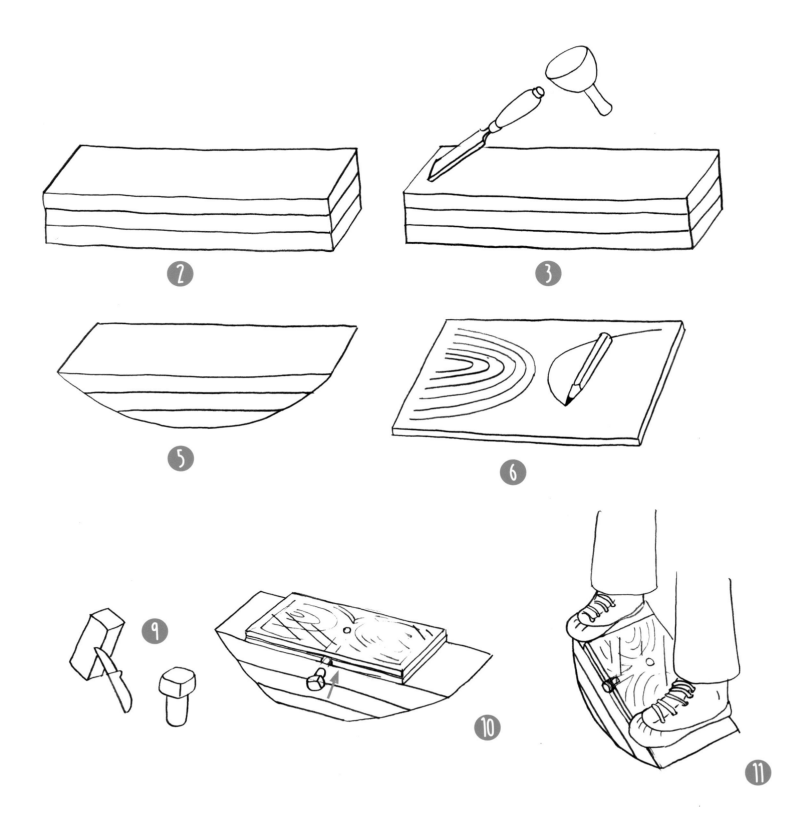

旋转舞台

材料

- 基板：木板，约 28*18 厘米
- 舞台表面：木板，约 20*20 厘米
- 驱动盘：待锯割的木板（直径 7 厘米），1.5 厘米厚（或大小类似的圆盘）
- 舞台表面的背面：粗糙的砂纸，20*20 厘米
- 转轴舞台以及手摇柄：圆木，直径 12 毫米，长 18 厘米
- 转轴驱动手柄：圆木，直径 8 毫米，长约 15 厘米
- 轴承舞台以及驱动手柄：大方木料余料，5*5 厘米，长 25 厘米（或数个小木块）
- 手柄板和开口销：废木料

工具

- 日本锯
- 直尺
- 木胶
- 木刻刀
- 剪刀
- 孔锯，直径 70 毫米
- 钻头，8、12 毫米
- 立柱式钻床
- 有可能用到钢丝锯（用于舞台）
- 角规
- 铅笔
- 螺旋夹钳，老虎钳

虽然你不知道霍比特人小屋怎么会在十字路口中间，不过有一点毫无疑问：只要有这样一座旋转舞台，你就可以讲述自己在荒野中的传奇故事啦！只要转动手柄，圆形的舞台就会随之转动。究竟是警车在追着那辆红色运输车还是正相反？两辆车是飞速奔驰还是有如蜗牛慢爬？这一切都由你来决定——其实，这就要看你是怎么旋转手柄的了。

驱动盘

首先搭建舞台：先从驱动盘开始，它的直径决定了其他所有组件的尺寸。用孔锯锯割出一个直径为 7 厘米的圆盘，将驱动盘黏到驱动轴（直径 8 毫米的圆木）上固定。取一块大方木料的余料（5*5 厘米，长约 10 厘米），在上部钻出一个直径为 8 毫米的孔洞作为驱动轴的支座。

转动手柄，开口销可以固定驱动轴的位置，用开口销将驱动轴插入支座，将手柄（直径为 12 毫米的圆木，长 8 厘米）和手柄板黏合固定。这样，驱动装置就完成啦！再把它黏到基板上固定。

丹尼尔和保罗，11 岁

舞台

用钢丝锯锯出一个圆盘作为舞台，或者也可随便用一块多边形废木料。在舞台表面的背面黏上一张砂纸，这有利于夹紧驱动盘。将舞台表面黏到转轴（直径为 12 毫米的圆木，长 10 厘米）上。借助钻孔，转轴始终在大方木料的余料里面，后者站立在小支撑脚上。你可以通过不断调试来计算出合适的高度。当一切都恰到好处时，把用于支撑舞台的轴承黏到基板上固定。现在，你只要再编出一个故事，就可以把这座舞台转动起来啦！

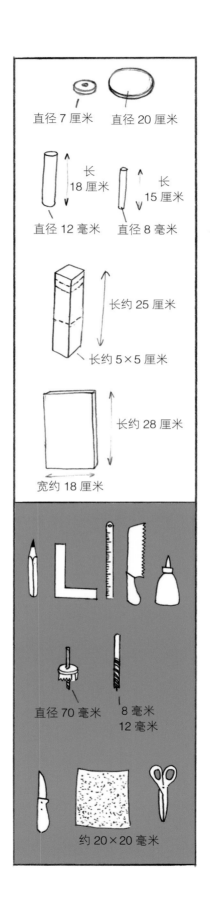

直径 7 厘米　直径 20 厘米

长 18 厘米　长 15 厘米

直径 12 毫米　直径 8 毫米

长约 25 厘米

长约 5×5 厘米

长约 28 厘米

宽约 18 厘米

直径 70 毫米　8 毫米　12 毫米

约 20×20 毫米

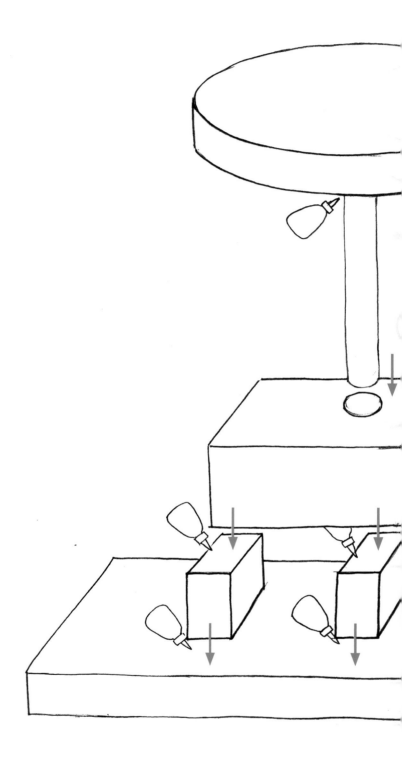

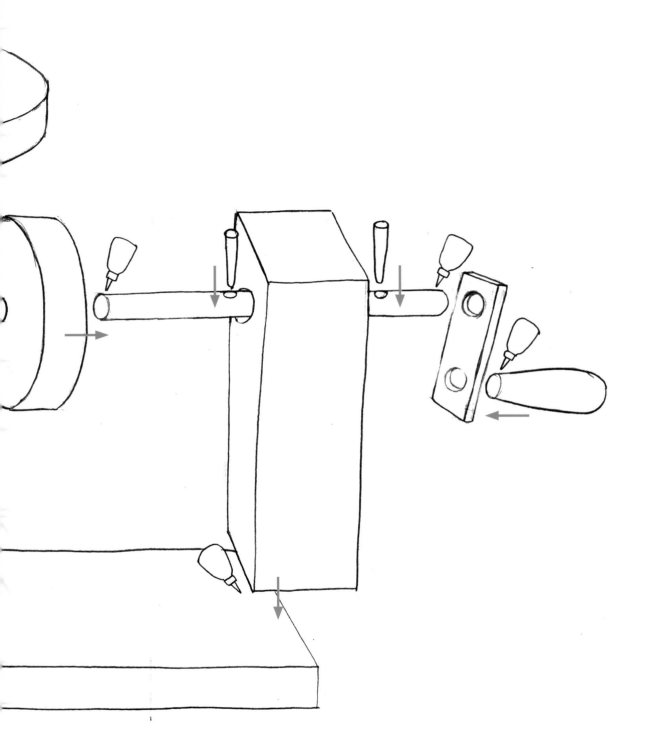

来自实践的小贴士

- 根据我们的经验，对于孩子来说，做木工活时最重要的是能很好地夹紧木料。理想情况下，最好能用木工刨台或老虎钳。

- 如果手头没有上述工具，也可借助螺旋夹钳。利用螺旋夹钳，你可以把任何一张桌子、一把椅子或公园长椅作为工作台使用。

- 小孩子往往不够力气将螺旋夹钳拧紧，所以大人应该予以帮助。许多孩子用科雷米西亚（Klemmsia）夹钳能够比较轻松地完成操作，因为这种钳子利用了杠杆原理。

- 如果手头没有任何夹紧装置，小孩子在抓握木料时应获得协助。

- 如果没有夹紧装置，小孩子可以优先选择打钉、黏合和打磨的加工方式。

- 如有可能，应将黏合处放置过夜，待其变干。不要过早移动被黏合组件。

- 同时指导超过八名以上的孩子制作不同的木工项目非常困难。我们建议做一样的项目并根据工艺顺序，大家步调一致地进行操作。

- 针对入门级操作者，我们设计了一款摩托车，参见第 132 页。做这件作品所需的材料很少，工作步骤也简明易懂。孩子们可以立马动手独立操作并自己确定尺寸和比例。这件作品不仅非常适合人多的操作小组，对于毫无木工经验的小孩子也是理想的选择。操作期间，孩子们还能顺便领会纤维走向的概念，因为只要顺着纤维走向，木料就易于劈裂。

- 如果能将每把工具放置在清晰可见的位置（参见第 126 页），就能大大简化操作步骤，减少随后的清理工作。同样，最好也能合理安排手头的材料，便于使用。

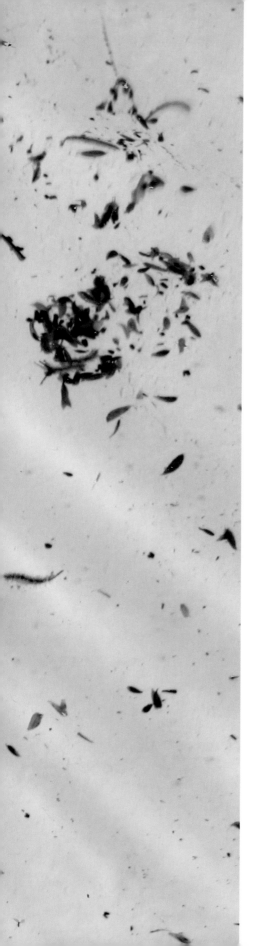

第三部分

木　雕

托拜厄斯，10 岁

材料

孩子最好能有一名大人陪同。当然，在任何时候，孩子都不能在未经允许的情况下独自进入工地禁区。

精细木雕和木刻有类似之处，几乎任何一种木材都可用于木雕。松软的木材比硬木更好，其中椴木尤其适合。

相较于干燥木材，加工新砍伐下来的木材要容易得多。不过，这种木材也往往会不受控制地出现裂纹。

相较于木刻，木雕所需的木块尺寸要大得多。用于木雕的木块直径应大于 8～10 厘米，长度约为 20 厘米。你可以在冬季修剪树枝期间、风暴之后清理期间 ❶ 或在建筑工地的前期准备期间设法搞到这种大块木料。如果附近有人正在进行上述工作，你往往会听到链锯发出的响声和割草机发出的轰鸣声 ❷。此时要马上行动，循着噪声去寻找！要不然用不了多久，地上那些树枝甚至整棵树木就会被处理。

多数大城市和乡镇都有向公众开放的场地，可以用来剁草和堆肥 ❸。很多人都会把树木修剪下来的树枝堆放在那里。不妨询问一下，可不可以拿一些。

本书中所有木作案例一律采用了椴木 ❹ 树枝和建筑用余料。

工 具

你可以用榫凿或铁凿雕刻木料。此外，你还需要一把敲打铁块的木锤子和一个用来夹紧木料的装置。

① 榫凿

榫凿也被称为凿子，它是一种带有单侧刀刃的扁平铁件。人们用木锤子敲击榫凿，将它打入加工对象，这种工具主要适用于较为粗糙的木工活。多数榫凿在把手末端都安有一个金属环，这样一来，把手就不会在木锤的巨大作用下碎裂。本书的所有木作案例都采用了刀身宽度介于 5～20 毫米之间的常用榫凿。较为精细的榫凿也被称为拉刀或錾子。

② 铁凿

以前，人们也把铁凿称为木雕铁件，你可以直接用手施压或借助木锤子敲击它。这种工具有超过 900 种不同的形状和大小，其把手形状也是五花八门。圆凿 **2a** 是一种最常见的铁凿，它的刀刃隆起呈拱形。角凿 **2b** 拥有 V 形刀刃，人们主要用它来雕刻精细的线条和字符。弯凿 **2c** 是带有弯曲刀口的铁件，特别适用于深挖，比如挖出一个空壳。

③ 木锤子

木锤子是锤子的一种，雕刻木料时，人们可以用它敲击铁件，将其打入加工对象。这种工具的锤头特别显眼：呈圆形，让人联想起钟罩。此外，它的敲击面非常大，外形微微呈锥状，可以和你的手关节处于同一轴线。经典的木锤子是由鹅耳枥木制作而成，这是本地最为坚硬的木材之一。新型木锤的锤头也可能是由黄铜或塑料制作而成。

④ 木雕台或刨台

雕刻木料时，你必须夹紧木料。木雕台或刨台是一块稳固且较重的工作台面，它配有各种不同的夹紧装置，甚至能够固定形状不规则的木块。

⑤ 木扒钉

木扒钉能将木料固定在木雕台或刨台上。木扒钉能被埋入刨台的孔洞中，这样可以楔紧那些奇形怪状的木料。

你可以用木料自制木扒钉（参见第 187 页照片 ❶），如果加工部位旁边恰好有需要连接的地方，采用这种木扒钉可以保护榫凿或铁凿免受损坏。

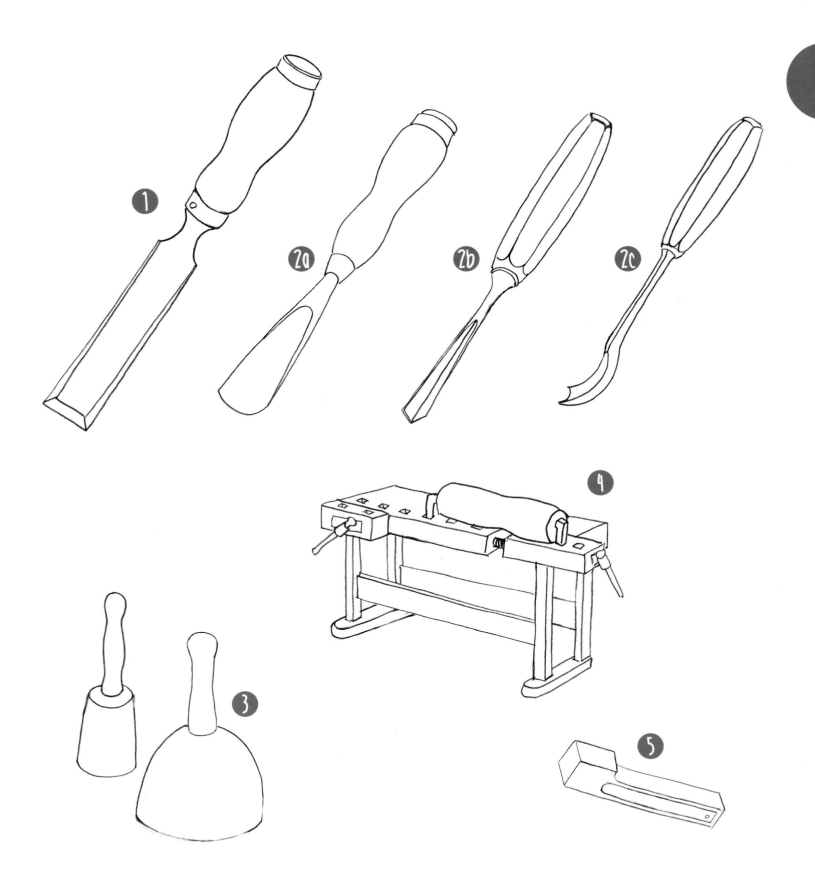

技术

其实，木刻和木雕是一回事。这两种技术都通过去除木屑来塑形。只不过在木雕中，人们用锤子敲击榫凿或铁凿加工。这样一来，你在加工尺寸更大的木件时就能使出更多的力气。

- 先从图纸入手，确定作品的基本外形。
- 选取大小和纤维走向都合适的木料。比如说，加工容易断裂的动物腿部就应沿着较为稳定的木料纵轴。
- 将图样描画到木料上，确保其清晰可见。
- 开始锤击前，必须首先固定木料，最好能借助木扒钉把它固定在一块木雕台或刨台上。具体操作可参见第 187 页的照片 ❶。加工过程中，木料不得滑落、倾倒或弹跳。
- 你也可以将工件旋入一块大方木料拧紧，再将后者固定在老虎钳上。具体操作可参见第 187 页的照片 ❷。
- 你也可以用螺旋夹钳，但它在锤击之下很快就会松解，之后必须将其反复拧紧。
- 你可以将很大很重的木料放置在沙箱里，或用建筑用 U 形钉将其固定在一块砧板上。
- 站在距离工件一步远的地方，将榫凿的刀刃置于木料上方。用木锤子敲击榫凿把手正面。

- 在锤击时请注意，手腕千万不能弯曲。手腕绷紧，就好像绑上了石膏绷带一样，用肩膀使力敲击。
- 锤击时，请注视榫凿的刀刃。
- 略微倾斜于纤维走向敲击，榫凿就能发挥出最佳作用。
- 时不时地停下来，站到数米远处进行观察：工件必须加工均匀，你和它之间要保持等距。为此，你必须时不时地旋转工件并变换其位置。
- 从最外侧的尖端向内加工。比如说，加工脸部时，就要从鼻子尖着手。

注意事项：

- 应保持榫凿锐利，打磨光洁。
- 如果无法凿下一块薄木片，或许你可以调整一下榫凿朝向工件的切角。
- 握住铁件的角度越陡，凿下来的木片就越厚；反之，握住铁件的角度越平，凿下来的木片就越薄。
- 尝试更用力地锤击。
- 如有小木块剥落，你可以用木胶把它重新黏上去，或者也可以干脆缩小一点成品尺寸。

做木雕构思时最好能够借助一份图样。一开始，利用一个闭合形体将有助于简化你的设计，你可以将作品抽象为简单的基本几何形体。比如说，一个雪人可由三个叠在一起的圆球组成，而它的帽子就是一个微长的圆柱体。

不要在设计中加入复杂的细节。如果雕刻的是动物，你可以考虑它的一些显著特征。像一看到尖角，你就知道这是一头公牛；一看到长耳朵，你就知道这是一只兔子；而一看到水滴形状，你就知道这是一只刺猬。

你也可以从木料的形状上获得灵感。从各个方向旋转、翻动你的木料。你看到了些什么呢？可以把一根弯曲的树枝做成一只拱背的猫咪，或做成一个坐着的小人，你可以自行选择！

磨石盒

材料

• 木板，至少 1.5 厘米厚，
　长约 20 厘米
　（具体尺寸视磨石大小而定）

• 铰链以及与之匹配的螺钉
　（或数小块废旧自行车的外胎，
　约 4*6 厘米，4 颗与之匹配的钉子）

工具

• 铅笔和磨石（用于度量尺寸）

• 日本锯

• 榫凿

• 木锤子

• 木雕台或刨台

• 直尺

• 角规

• 螺丝刀

可以用这个小盒子来存放磨石，当然，你也可以用它来保存一些别的东西。不管怎样，你可以借助这个项目熟悉各种木雕工具。在操作过程中，你会了解把握木料的纤维走向的重要性。

操作步骤如下：用铅笔、角规和直尺在木板中间画出标记，再将其锯成两半，其中一半用来制作盒底，另一半制作盒盖。将磨石放在其中的半块木料上并画出轮廓。沿着笔线，用榫凿从上方垂直敲击木块。将榫凿拔出，然后再次敲入，反复该操作。从上方沿着笔线雕刻出一整圈凹口，然后平置榫凿，沿着纤维走向进一步深挖，注意盒子边缘不得断裂。盒盖也做相同处理。然后用铰链将盒身与盒盖连接在一起。当然，你也可以选用成品铰链。不过，我们在这里用的是一小块废旧自行车的外胎和几颗钉子，这样就形成了一个弹性铰链，盒盖就能咔嗒一声自行关上了。

小贴士

设计时请注意，将盒子的短边垂直于纤维走向。这样一来，较难加工的一侧就变短了，这样可以减少你的工作量。

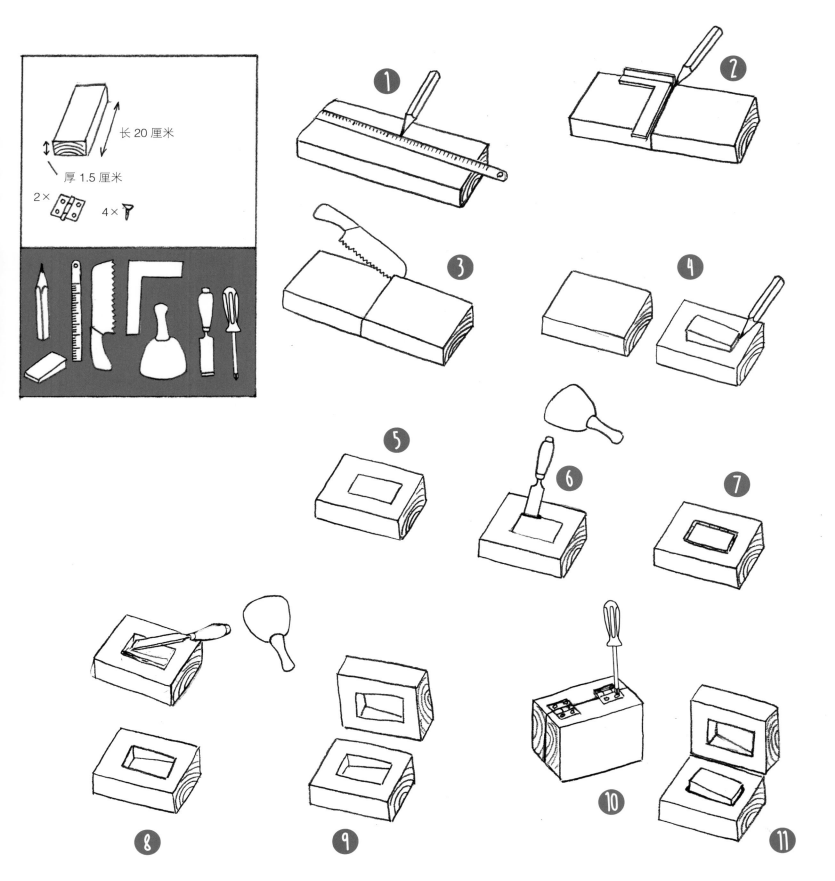

长 20 厘米

厚 1.5 厘米

2×   4×

货船

材料

- 船身：大方木料余料，约 7 厘米宽，长 20～30 厘米
- 桅杆：3 根小树枝，约拇指般粗，长 20～30 厘米
- 船帆：织物、细绳
- 船舱：废木料
- 装水的深碗

工具

- 榫凿
- 木锤子
- 狐尾锯
- 钻机
- 与之匹配的钻头
- 老虎钳（或木雕台以及刨台）
- 防水胶（或锤子加钉子）
- 铅笔

西蒙·威廉，10 岁

敲凿一块大方木料的余料，这艘小船就有了一个整洁的贮藏室，可以远航了。和之前一样，造船总是从水性试验开始：将木块放入水中并观察，看它是如何吃水的。如果甲板边缘和吃水线平行，那么这艘小船在水中的位置就堪称完美。

用狐尾锯锯割出船头的形状。和盛放磨石的盒子一样（参见第 172 页），用榫凿挖出一个贮藏室。

你可以通过打钉或者黏合的连接方式将一些废木料组装在一起形成船舱，再钻一个小孔，并装上带有船帆的桅杆。

再次检测小船在水中是否平稳。在黏合桅座之前，你可能还要缩短一点桅杆。

小贴士

你可以在船头打入一颗较小的钉子，再在上面固定一根细绳作为锚索。

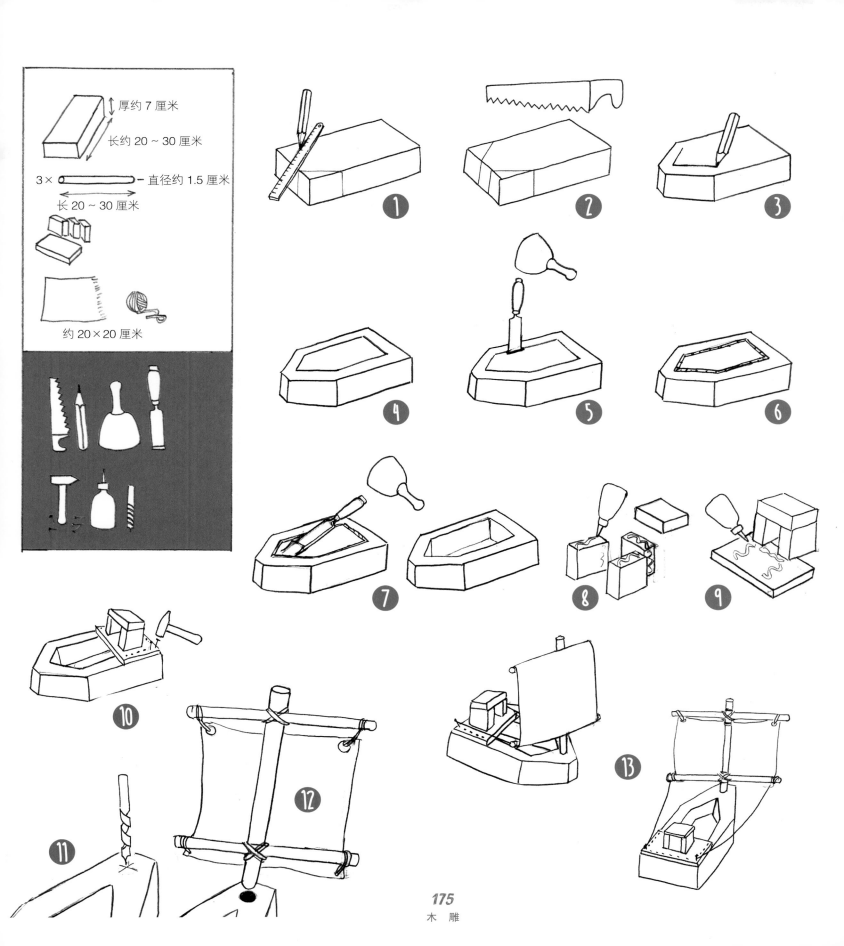

厚约 7 厘米

长约 20 ~ 30 厘米

3× 直径约 1.5 厘米

长 20 ~ 30 厘米

约 20×20 厘米

木锤

材料

• 树枝，直径 6 ~ 12 厘米，长约 25 厘米，硬木
（理想用材是鹅耳枥木）

工具

• 榫凿

• 日本锯

• 有可能用到木刻刀、粗齿木锉、锉刀、砂纸

• 木雕台及刨台

• 铅笔

制作一把属于自己的木锤吧！你可以通过这个项目练习塑造外形，同时，你还能顺便制作出一把属于自己的工具。

先在剥去树皮的树枝上画出木锤的形状，画一圈环线，确定锤子把手以及锤头的长度。选取一个端面画出锤子把手的横截面。

锯割环线，直至约达横截面的深度，然后用榫凿从上方敲凿正面，在此过程中，不要让木屑剥落下来，这样你就加工出了锤子的把手。由于始终沿着纤维走向加工，这个过程会很顺利。至于保留锤头原有形状不变还是将其加工成略微倾斜的表面或球状，这就要看你的个人喜好了。如果你能很舒服地把锤子握在手里，就算是完工啦！

你可以用木刻刀加工锤头的外边缘。

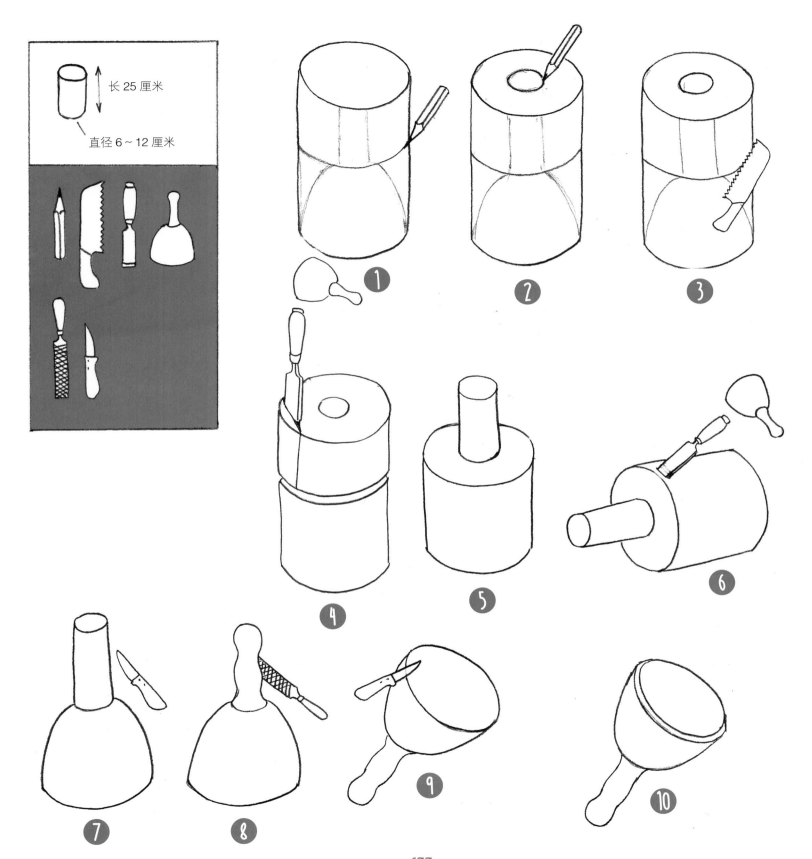

长 25 厘米

直径 6～12 厘米

① ② ③ ④ ⑤ ⑥ ⑦ ⑧ ⑨ ⑩

刺猬笔插

材料

- 椴木树枝，直径约 10 厘米，
  长 15 ~ 20 厘米

工具

- 榫凿
- 木锤子
- 钻机
- 木钻头，8 ~ 10 毫米
- 有可能用到粗齿木锉和木刻刀
- 木雕台及刨台
- 铅笔

小贴士

刺猬是不会垂直于身体竖立硬刺的，请在钻孔时略微倾斜，这样，插在刺猬身上的彩色铅笔看起来更为自然。

有哪只刺猬能有粉红色、绿色、蓝色和黄色的硬刺呢？我们的刺猬笔插就可以！有了这样一个小笔插，你就可以方便地拿到铅笔了，非常方便。

你可以先剥去树皮，然后用榫凿和木锤将椴木树枝的正面整圆，这将成为刺猬的屁股。这个工作可能稍有难度，因为你不得不逆着纤维走向操作。如果觉得使用粗齿木锉方便操作，不妨多多借助这把工具。在整圆刺猬的屁股之后，你可以画出它的口鼻。之后，你基本上就能顺着纤维走向加工了，借助榫凿敲凿也就容易多了。

检查一下刺猬能否坐稳，如果不行，就要进一步加工它的腹部。现在，你可以钻出一些孔洞用来插铅笔。最后画出刺猬的眼睛吧。

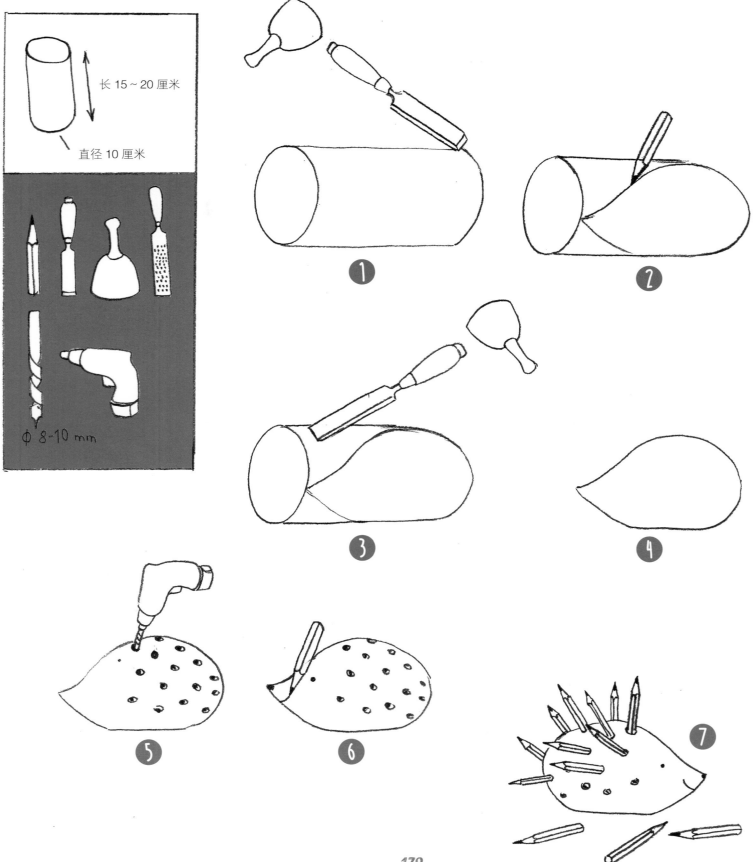

长 15～20 厘米

直径 10 厘米

φ 8-10 mm

① ② ③ ④ ⑤ ⑥ ⑦

雪人

材料

• 椴木树枝，直径约 10 厘米，长约 30 厘米

工具

• 榫凿

• 木锤子

• 日本锯

• 木刻刀

• 木雕台及刨台

• 铅笔

这个雪人永远都不会融化，你甚至还可以在它的帽子上插一根蜡烛。先在剥去树皮的树枝上画出雪人的模样。再画出一圈圈的环线。更多信息可参阅第 39 页。沿这些环线锯出一道道锯痕，之后你就可以对着它们敲击榫凿了。首先从帽子和帽檐开始。帽檐很薄，操作时必须小心，否则帽檐就会裂开，最后将各个球体整圆。

海克，12 岁

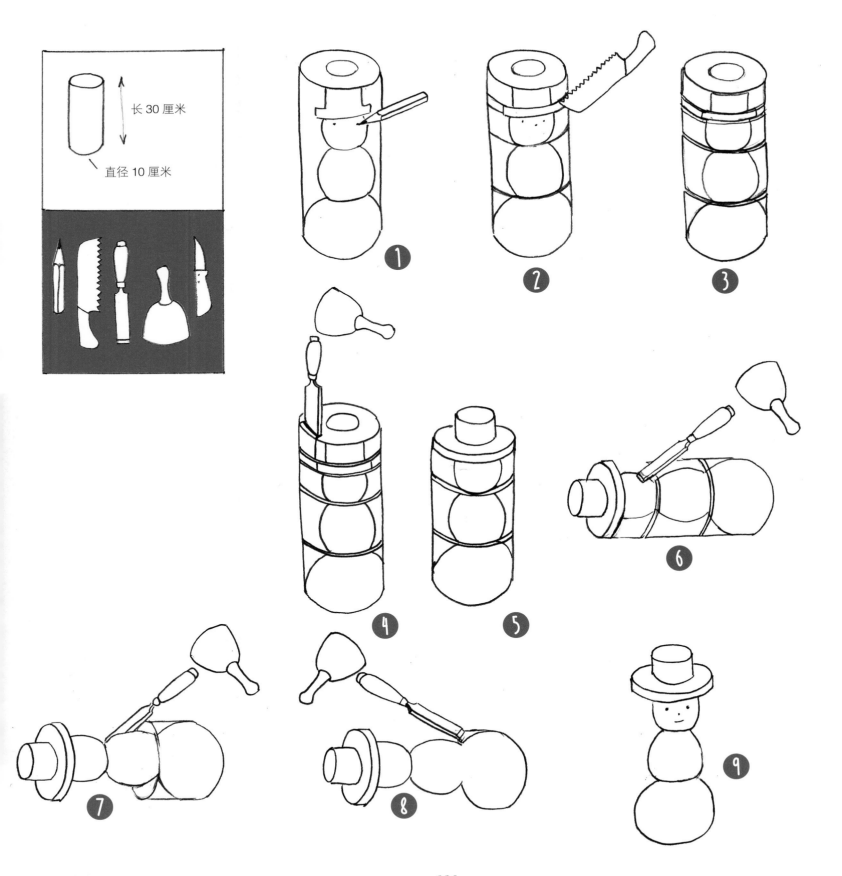

长 30 厘米

直径 10 厘米

① ② ③

④ ⑤ ⑥

⑦ ⑧ ⑨

企鹅

材料

- 椴木树枝，直径 8～10 厘米，长 25～28 厘米
- 嘴巴：椴木树枝，约一个拇指粗，长 6～9 厘米

工具

- 榫凿
- 木锤子
- 老虎钳或木雕台及刨台
- 日本锯
- 有可能用到粗齿木锉、锉刀、砂纸
- 木胶
- 胶水抹刀
- 木刻刀
- 钻机
- 与之匹配的钻头
- 铅笔

小贴士

如果选用的木料横截面为椭圆形，就更容易加工出企鹅的尾部。

不用担心，你不必把这只企鹅放在水箱里。即便站立在窗台板上，它也会感到无比舒适。从各个角度仔细观察已经剥去树皮的木料，它有两个端面，从哪一面做出企鹅头部更合适呢？然后开始整圆企鹅的头部，此时必须垂直于纤维走向敲击榫凿。如果觉得该操作非常困难，可以借助一把粗齿木锉。接着，用铅笔画出企鹅的形状，再勾勒出一圈环线（参见第 39 页），沿此环线锯入约 5 毫米深，这样就会出现一道锯痕，对着它敲击榫凿，就能加工出企鹅的脖子、背部、下巴以及肚子。然后取一根细长的椴木树枝，用木刻刀刻出嘴巴的形状，再把它黏上去。如果能在黏合前预先钻孔，企鹅的嘴巴就能立得更稳。

亚娜，10 岁

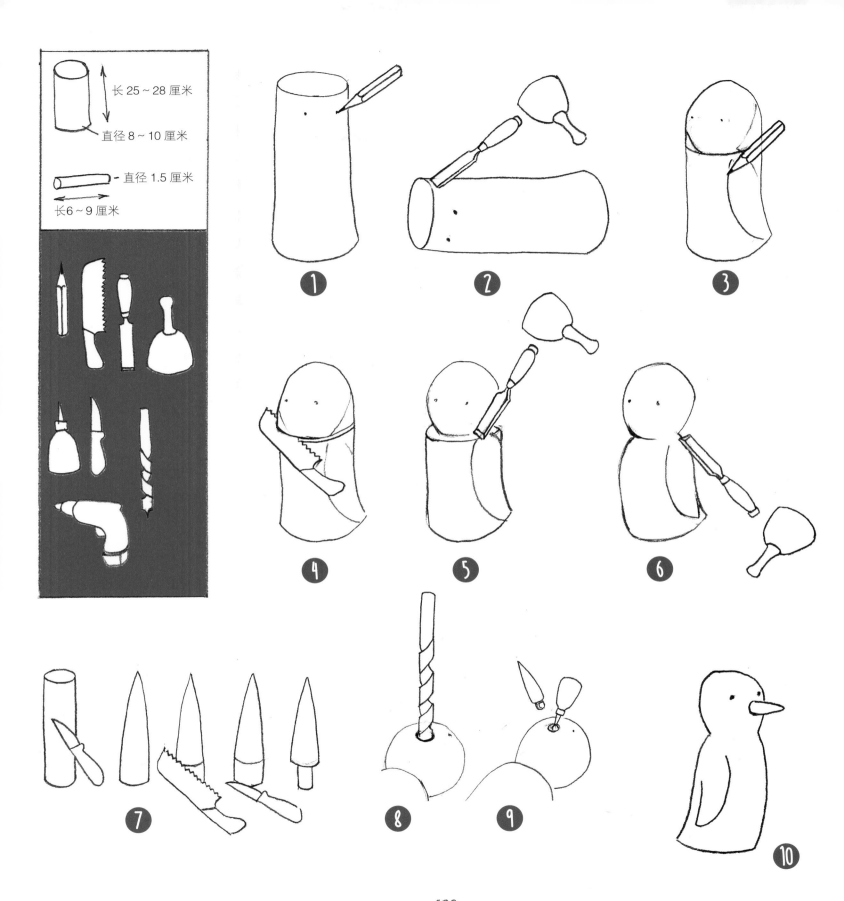

长 25～28 厘米

直径 8～10 厘米

直径 1.5 厘米

长 6～9 厘米

183
木 雕

构思素材

185
木　雕

来自实践的小贴士

在木雕时有一点最重要：把待加工的木料夹紧夹牢。只有这样，孩子们才能很好地独立操作。正因如此，这种木工活比较适合小组协作以及动作协调能力强、手脚比较灵活的孩子。

• 不同于木刻，在木雕过程中，操作者的双手都要握住工具。

• 如需锤子，务必采用木锤。即便是没有经验的新手也能借助木锤准确敲击铁凿。普通锤子的冲击面过小，这会损坏凿子的把手，而且操作者也容易受伤，会很疼的。橡胶锤也不行，这种锤子弹跳得厉害，而且推进力也不够。

• 很多孩子都觉得用木锤敲击比较容易，用起来也感觉很轻松。小男孩尤其喜欢这种工具，他们可以借此展示自己的肌肉，还能看着木屑片片飞舞。

• 用木锤敲击铁凿需要用力，因此木雕工作特别适合那些会使力的孩子。并不能说超过几岁的孩子就行，这主要看个人的体质和肌肉力量。不过，如果用的是较小较轻的木锤，那么即便孩子的力气不大，也是可以的。此外，你也可以不用木锤，而仅仅借助双手推动铁凿。

• 要时不时地停下来，观察工件一番，再站到数米远处，从各个角度打量一下这件木雕作品。

• 连续工作约 1～2 小时后，即便是狂热的木雕爱好者也会感到筋疲力尽。

• 本书的木作案例需耗费孩子们的 6～8 个课时。

• 木雕工作很适合在户外进行，如果是好几个孩子一起加工一块大木料，彼此之间要留出足够距离。

理想情况：把木料放在刨台上夹紧。

将工件旋入一块大方木料中拧紧。

把木料放在老虎钳中夹紧。

把两根树干放在工作台上，用建筑用 U 形钉把它们连在一起。
树枝正好可以作为挡板。

一块货板或者一张长椅也可作为工作台使用。

附　录

安全须知

锐利的刀刃

- 所用工具的刀刃必须保持锋利，这样操作时才会不太费力。
- 用一小张纸反复检查刀刃是否锋利，千万不能用手指。更多信息请参阅第 199 页。
- 凡是带有锋利刀刃的工具，使用后均应放在有安全外壳的盒子里或置于安全支架上。
- 手中握的工具如果带有锋利的刀刃时，严禁奔跑，否则可能因跌倒而伤到自己。
- 不要大幅摆动和挥舞带有锋利刀刃的工具。
- 采取安全的站姿或稳定的坐姿来操作带有锋利刀刃的工具。
- 当孩子正使用带有锋利刀刃的工具时，不要分散他们的注意力，也不要碰触或惊吓他们。
- 认真仔细、全神贯注地进行操作。
- 如果你对某样工具还不太熟悉，可以求助有经验的大人，请他向你展示工具的用法。

使用电机

- 在操作中，正确谨慎地使用电机并无危险，但如果粗心大意，就有可能发生事故并带来严重后果。
- 如果你对某种电机还不太熟悉，可以求助有经验的大人，请他向你展示其用法，你也可以和他一起操练。首先要练习如何关闭机器！

在启动机器前：

- 把长头发扎起来。
- 取下手表、戒指、手镯及项链等首饰。还要注意，不要让衣服边角碰到机器。
- 检查一下，工件是否已被完全固定。
- 检查一下，钻头和锯条是否已完全被夹紧。
- 工作时保持冷静并集中注意力。

一旦机器发出特别的声响，你应当立即关机并查明原因。此时可以向大人求助，有时这是因为钻头或锯条折断了。

粉尘

- 尽量避免吸入粉尘。
- 本书的所有木作案例在打磨加工时所产生的粉尘不多，应在可承受范围内。
- 如果能在户外或通风良好的室内操作，可以减少粉尘的吸入量。
- 你可以用吸尘器或一块湿布去除因锯割和打磨所产生的粉尘；清扫会扬起粉尘。
- 加工木屑板和中纤板时不应大量打磨、擦磨或锯割，否则会产生大量的粉尘，有损身体健康。

基本工具装备

如果你或孩子想要做些木工活，我们会向你或孩子推荐下列工具，这是一套木工基本装备：

- 1 把木刻刀
- 1 把日本锯（Kataba）*Mini 迷你片刃锯
- 2 把螺旋夹钳
- 1 瓶木胶（100 克）
- 1 套木钻头（3-12 毫米）
- 1 台钻机（手提式钻机或曲柄钻）
- 1 把锤子（200 克）
- 各种不同的钉子
- 1 把手夹钳
- 1 把半圆形粗齿木锉（该工具的用途非常广泛，同时适用于圆形曲面和平整表面）
- 80、120、220 颗粒的砂纸（可以替代锉刀）

锯子和粗齿木锉要全新的，这样才够锋利。工具的质量很重要。除此以外，其他工具如果维护得很好且功能完善，二手货也是可以的。请务必为孩子提供合适的场地和装置，用来保存工具。只要保管得当，工具的状态就能保持良好。

你的孩子想成为一名富有激情的木工吗？那么，我们建议增加下列工具：

- 1 把老虎钳
- 1 把粗齿木锉
- 1 把半圆形锉刀
- 1 把电动螺丝刀（既能作为钻机使用，也可用来旋入螺钉）
- 1 把细工锯
- 其他螺旋夹钳

工作场所

如果你家里就有一个工作台，那就太好了。这是孩子完美的工作场所。如果没有这样的条件，你可以借助一把较沉、较稳的椅子，它也能够起到相同的作用。这把椅子应该足够沉稳，即便孩子在擦磨时用尽全力推动粗齿木锉，它也不会跷动。

工作台面的高度应和孩子的臀高大致持平。多数情况下，一张大小相当于德国工业标准A2纸张的工作台就足够用了。你还要考虑到一点，孩子有可能一时疏忽而在钻孔或锯割时损坏工作台。因此，你应该选用一块合适的台面，确保上述问题不会出现。

如果能拥有一个属于自己的工作台，孩子会觉得自己特别受重视。他们还可以将工件放在台子上过夜晾干，或暂时放置，然后开始下一步的操作。

小组作业的工具装备

如需为工作小组或一整个班级采购工具，你首先要考虑一下如何安排孩子们的共同作业。如果所有孩子做的是同一件木工活，你就可以指导他们循序渐进地同步操作，同时，你也要为他们配备相同的工具。

如果孩子们做的木工活各不相同，那就没有必要人手一套工具。此外，如果大家在制作时不同步，也可以相应减少工具配备量。

鉴于此，我们在此分列了两张基本工具配备表。我们在清单中以八名孩子为一组作为基数配备工具。

基本工具装备（八名孩子）

循序渐进的同步操作：

- 8 把老虎钳
- 8 把日本锯（Kataba）*Mini 迷你片刃锯
- 1 把狐尾锯
- 16 把螺旋夹钳
- 8 把半圆形粗齿木锉
- 8 把锤子（200 克）
- 各种钉子
- 8 支铅笔
- 8 把直尺
- 8 把角规
- 砂纸（颗粒为 80、120、220）
- 8 台手提式钻机或曲柄钻
  或一台立柱式钻床供所有人使用
- 8 套钻孔机组件（3～12 毫米）
- 8 瓶木胶（100 克）
- 3 把手夹钳

不同项目 / 阶段的独立操作：

- 8 把老虎钳
- 5 把日本锯（Kataba）*Mini 迷你片刃锯
- 1 把狐尾锯
- 10 把螺旋夹钳
- 3 把半圆形粗齿木锉
- 3 把锤子（200 克）
- 各种不同的钉子
- 8 支铅笔
- 4 把直尺
- 2 把角规
- 砂纸（颗粒为 80、120、220）
- 3 台手提式钻机或者曲柄钻
- 1 套钻孔机组件（3～12 毫米）
- 1 瓶木胶（500 克）
- 3 把手夹钳

如要在上述基础上进行拓展，可增加下列工具：

- 1 把电动螺丝刀（仅需一把，因为孩子们使用该工具时必须有人监管）
- 1 把电动钢丝锯（仅需一把，因为孩子们使用该工具时必须有人监管）
- 8 把细工锯
- 8 把圆形粗齿木锉
- 8 把半圆形锉刀
- 1 把组合钳
- 1 把尖嘴钳
- 1 把钢锯
- 其他的螺旋夹钳
- 1 套孔锯锯条（仅当使用立柱式钻机时需要配备且仅需一套，因为孩子们使用该工具时必须有人监管）
- 1 套平底钻头（仅当使用立柱式钻机时需要配备且仅需一套，因为孩子们使用该工具时必须有人监管）

在固定位置存放工具能够减少工作量。存放工具的支架，你可以在购买工具时一并购入，也可自行制作。存放锯子、粗齿木锉以及锉刀时要注意，不能让它们的齿状物互相磕碰，否则这些工具就会变钝。

单独布置一个存放区域是一种很实用的做法，如果缺了什么，一眼就能发现（参见第 126 页）。

每间工坊都应配备一个分类有序的急救药箱。

词汇表

油石 / 磨刀石

油石也被称为磨刀石或磨石，用它可以磨尖或磨光工具的刀刃。

油石是由天然石材或合成石材制作而成的，它的颗粒度各不相同，这个指标反映磨石的精细程度，颗粒度越大，磨石就越精细。因此，人们在断口处粗磨时会采用颗粒度在 80～220 之间的磨石，磨尖时采用颗粒度在 800～2000 之间的磨石，磨平或磨光时采用颗粒度大于 3000 的磨石。

阿肯色磨石

阿肯色磨石

阿肯色磨石被视为颗粒最细的天然油石。使用该磨石时，人们要用油作为磨削液。涂上少量油脂的刀刃比干燥的刀刃更易木刻。此外，工具也不会很快生锈。

建筑用 U 形钉

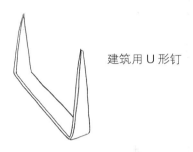

建筑用 U 形钉

建筑用 U 形钉其实是一种带有两个尖头的 U 形铁钩。人们用锤子将这两个尖头敲入木料，可以快速固定木块。借助这种工具能避免大方木料滑落。相关内容可以参阅第 187 页，其中展示了利用建筑用 U 形钉临时制作一块工作台的方法。

比利时磨刀石

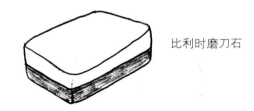

比利时磨刀石

比利时磨刀石是一种天然石材，早在古罗马时代，人们就对其非常熟悉。使用该磨石时，人们需要用水作为磨削液。

屋顶板条

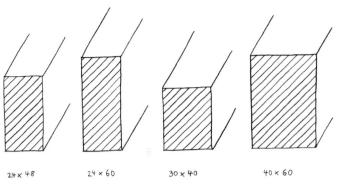

24×48 24×60 30×40 40×60

屋顶板条横截面

屋顶板条是建造屋顶时固定在梁上的木板条，人们在其上方放置瓦片。屋顶板条截面为矩形，有以下几种不同尺寸：24*48 毫米、24*60 毫米、30*40 毫米以及 40*60 毫米。请勿使用青铜色的屋顶板条，这类板条涂有木材防腐剂，自 2012 年 2 月起禁止使用。

基本几何形体

各种基本几何形体

基本几何形体包括球体、半球体、圆锥体以及圆柱体等。

闭合形体

所谓闭合形体是一种密实而简单的可塑形体，上面既没有较深的凹面或孔洞，局部也没有高高凸起。一个圆球或一枚蛋就是理想的闭合形体。

硬木 / 软木

硬木和软木的分类有时令人容易混淆，其实这种差异并不在于木材的软硬，即加工起来的难易，而在于木料纤维细胞的结构。

按照这个原则，所有阔叶木都被称为硬木，而所有针叶木都被称为软木。就拿椴木来说，尽管它极其松软而且非常易于加工，但因为椴木是一种阔叶木，人们还是将其归为硬木。甚至连西印度轻木这种极为松软的木料也被称为硬木。

木料加工的难易程度取决于树木的生长方式。生长迅速的树木易于加工，相反，生长缓慢的树木就不易加工。正因如此，相对于生长在寒冷地区的松树，就比那些生长在较为温暖地区的松树更易于加工。

横断木料

横断木料

横断木料是木块的横截面，也就是垂直于纤维走向的端面。在锯割下来的树干上，你可以在横断木料上清晰地看到一圈圈的年轮。相较于顺着纤维走向的木料，横断木料部位更难加工。

木销钉

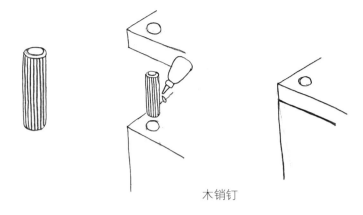

木销钉

木销钉是一种带有槽纹的小圆棍，它可以借助钻孔黏合两块木组件。你可以购买到成品木销钉，这种木销钉由山毛榉木制作而成，其直径（以毫米以单位）代表了它的大小。当然，你也可以随便取一根小圆棍或树枝自制木销钉。你还可以借助木销钉隐藏一颗埋入的螺钉：只要将木销钉黏入埋头孔，再锯掉其凸出部分，使其恰好与木料表面高度持平即可。

嵌木器的油灰

嵌木器的油灰是一种乳脂状的软膏，你可以用它来填塞小孔、埋入的螺钉或木料中的裂缝。在油灰硬化之后，你可以用砂纸将嵌入处磨平。

日本迷你片刃锯（Kataba）

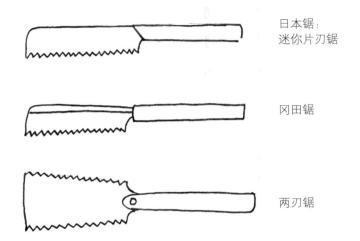

日本锯：
迷你片刃锯

冈田锯

两刃锯

迷你片刃锯（Kataba）是一种刀背部没有加强支撑的日本锯。这种锯子适用于较深、较长且齐平的切口。日本锯的差异在于锯条形状。除了迷你片刃锯（Kataba）以外，还有冈田锯（Dozuki）以及两刃锯（Ryoba）。其中冈田锯的刀背部有加强支撑，因而切割深度有限。两刃锯拥有双面锯条：其中一面用于顺着纤维走向的锯割，另一面用于垂直于纤维走向的锯割。

支座

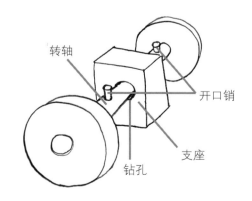

转轴

开口销

支座

钻孔

支座或轴承用于操纵可移动的转轴。本书展示的模型中，支座上基本都有钻孔，你可以将转轴插入其中。

胶水抹刀

你可以用一把由椴木韧皮制作而成的胶水抹刀涂抹木胶并将其抹匀。不同于毛刷，你无须在每次使用后将胶水抹刀冲洗干净。

木材纹理

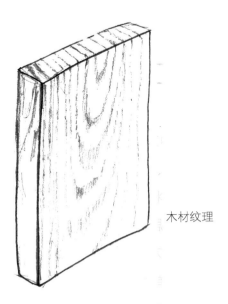

木材纹理

木材纹理是木材的图案，它展示了木纤维的走向。在顺着纤维走向切开的树干及木板中，这种纹理清晰可见。

磨刀

刀口沿对角线方向斜置于磨石上，沿纵向来回推动或在磨石上打小圈移动。重要的是，打磨的斜边，即刀刃的斜面必须平置于磨石表面上。

尽可能保持磨石与刀口间的接触点不变。磨石上产生的磨痕以及在此过程中发出的噪音能帮助你做出判断。磨刀这项工作很费时间，你要充满耐心并不断操练。毕竟，熟能生巧！

锷叉

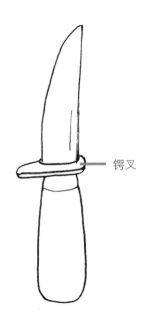

锷叉

锷叉是位于刀具把手和刀口之间的横向件。如果刀具受到碰撞，有了锷叉的阻挡握着刀把的手是不会直接划到刀口上的。猎人用的短刀就有这种锷叉，但在木刻时，锷叉往往却会妨碍操作。

板料

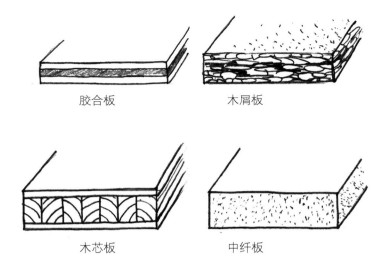

胶合板

木屑板

木芯板

中纤板

板料这个词是所有工业化生产的木板的统称，既包括较薄的木板（胶合板）、木屑板（夹紧板）、木板条（木芯板），也包括中纤板。早先人们采用含有甲醛这种有毒致癌的物质作为胶黏剂黏合木屑板或中纤板。虽然后来很多制造商都改变了胶黏剂的成分，但你还是尽可能不要打磨、锉磨或者锯割此类材料。

嘎嘎作响

如果工件在加工过程中发生振动，就会发出嘎嘎声响。

圆木 / 圆棍

带有圆形横截面的木板条被称为圆木或者圆棍。圆截面的直径大小以毫米为单位，该数值标识了此类木板条的尺寸。你可以在建筑市场或手工艺用品商店购买到这类木料。

粗锯木料

粗锯木料是未经表面深加工而直接来自于锯木厂的木板或大方木料。相较于细加工的木料，这种粗锯木料的价格更低，但在加工此类木料时，为防止木屑碎裂飞溅而受伤，你应该戴上手套。

检查刀刃的锋利程度

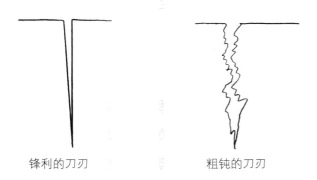

锋利的刀刃　　　　　　　粗钝的刀刃

你可以用一小张纸检查刀刃是否锋利。用一只手夹住这张纸并将其伸向空中，另一只手推动刀刃。如果刀刃不受阻力，轻而易举地就能滑过这张纸并留下一道平整光洁的切口，这就说明刀刃很锋利。如果刀刃很费力才能分开这张纸，而且留下的切口粗糙且边缘开裂，这就说明刀刃较钝，你就有必要打磨加工一下了。

观看短片，可以
看到所有细节

磨削液

磨刀时，磨石会从工具上剥落一些极为微细的钢颗粒，而磨削液能将这些微粒冲去。视磨石种类不同，你可以用水或油作为磨削液。

浮木

浮木是指被冲到江河、湖泊或海滩岸边的木头。

胶合板

胶合板至少由三层木料彼此铺砌黏合而成，所谓铺砌是指各层木料沿着其纤维走向彼此垂直层叠黏合。木料层数永远是奇数。木料层数、木材以及胶合剂的种类决定了胶合板的特性。杨木胶合板非常松软轻盈，颜色很浅且物美价廉，在这种板材表面上几乎看不到什么木纹，尤其适合孩子们锯割。山毛榉木胶合板更为稳定，相较于杨木胶合板，它的颜色更深、材质更硬，也更为结实，较难锯割。针叶木胶合板表面有明显可见的木纹，侧面往往很漂亮。

防水黏合的胶合板

胶合板所用的黏合剂决定了板材的使用寿命。防水黏合的胶合板在整个黏合过程中都经过防水处理。这类胶合板的品质、等级各不相同，其中造船用胶合板就特别耐用。除此之外还有耐煮的、防海水的以及耐热带气候的胶合板。

致谢词

本书的出版离不开众人的相助，我们在此向他们致以真诚的谢意。

我们要感谢我们的第一位艺术老师——尤塔·穆勒。她在陪伴孩子时很尊重他们，也不断鼓励他们。直至今日，我们依然深受她的启发。

我们要感谢我们的父母亲，格尔达以及汉斯－君特·里特曼，他们以言传身教的方式告诉我们，凭借自己的双手可以建造出任何东西。

我们还要感谢海克和迈克尔·里特曼，感谢他们持续不断地支持着我们的工作。

布鲁诺·里特曼始终在第一时间给予我们可靠的帮助，他充满耐心，又富有效率，我们向其表示感谢。

我们还要感谢赫尔曼以及路德维希·普拉斯，感谢他们如火的热情以及丰富的想象力。

我们也要感谢位于斯图加特的弗里德里希－奥更斯高级中学，它为我们开展木工坊项目的工作提供了大量的支持，尤其是马丁·杜伯先生以及希尔德加德·朗施女士。当然，我们还想特别感谢来自这个木工坊的小朋友们：亚历山大、丹尼尔、海克、扬、亚娜、基亚努什、马克西姆、帕特里奇、保罗、保拉、拉曼、拉乌尔、彼得、罗莎、托拜厄斯、托米斯拉夫、维克多以及约克——非常感谢你们的热情以及无比美妙的构思。

我们要感谢吕根岛诺内维茨的汉斯·彼得·冯·巴德，我们称他为富克斯，感谢他在森林中搭建了一块稳固的长台作为我们的工作台。

我们还要感谢弗兰齐斯卡·冯·巴德以及拉尔夫·兰格、园艺及景观养护公司——克劳斯·迪特·尼伯吕格公司以及吕根岛上的加茨，在他们的协助下，我们才能弄到那些极为古老的椴树木料。

我们要向诺内维茨木刻课程班的所有孩子们表达深深的谢意：阿恩·保罗、本杰明、布鲁诺、卡洛琳娜、多米尼克、赫尔曼、赫米内、亨丽特、康拉德、路德维希、马萨、尼古拉、尼尔斯、鲁迪、索尼娅、苏薇、塔娜、弥生以及齐亚。感谢你们的勤奋、热情以及丰富的想象力！

我们也要感谢伦纳德·维贝尔辛克、萨比娜·维贝尔辛克以及米纳·施拉格，感谢他们的鼓励、评论以及富有价值的指导。我们也要感谢英肯·巴茨的美妙构思。

荷兰阿姆斯特丹范·德尔·托尔园艺公司的塞巴斯蒂安·德瑞尔允许我们使用了他的照片，我们在此向其表示感谢。

我们还非常感谢阿姆斯特丹"海特儿童艺术工坊"的所有孩子们，尤其是其中的阿里、弗洛、赫尔曼、朱莉、科恩、拉塞、卢、路德维希、明克、恩津加和弗吉尼亚。感谢你们的工作热情和创造力！我们还要由衷感谢阿姆斯特丹"双体船"小学的孩子们，尤其是鲍里斯。

阿姆斯特丹的瓦尔特·范·布鲁克胡伊真以及阿尼克·西伊以各种方式向我们提供了电脑以及技术支持，为我们节省了大量的材料，还贴心地提供了伙食，我们在此向其表示感谢。

以下人士通过电话沟通或者餐桌聊天的方式为我们提供了各种评论意见、经验交流、专家建议、灵感启发以及积极的鼓励：萨勒河畔哈勒市的玛丽亚·胡沙克、伦敦的安妮·托普、阿姆斯特丹的拉达·赫萨克、柏林的迈克尔·艾布拉姆朱克、邦多的戴维·吕格以及玛丽亚·吕格、帕特里齐亚·古根海姆以及托拜厄斯·艾歇尔伯格和费德丽卡、路易莎、来自邦多的安东尼娅以及弗吉尼亚。

最后，我们还想感谢海蒂·穆勒以及豪普特出版社的团队，感谢他们的信任、耐心以及细致认真，本书的顺利面世离不开他们的支持。